Taleieh Rajabi

**Entwicklung eines mikrofluidischen Zweikammer-Chipsystems mit integrierter Sensorik für die Anwendung in der Tumorforschung**

Schriften des Instituts für Mikrostrukturtechnik
am Karlsruher Institut für Technologie (KIT)
Band 23

Hrsg. Institut für Mikrostrukturtechnik

Eine Übersicht über alle bisher in dieser Schriftenreihe
erschienenen Bände finden Sie am Ende des Buchs.

# Entwicklung eines mikrofluidischen Zweikammer-Chipsystems mit integrierter Sensorik für die Anwendung in der Tumorforschung

von
Taleieh Rajabi

Dissertation, Karlsruher Institut für Technologie (KIT)
Fakultät für Maschinenbau

Tag der mündlichen Prüfung: 20. März 2014
Hauptreferent: Prof. Dr. Andreas E. Guber
Korreferenten: Prof. Dr. Volker Saile, Prof. Dr. Stefan W. Schneider

**Impressum**

Scientific
Publishing

Karlsruher Institut für Technologie (KIT)
KIT Scientific Publishing
Straße am Forum 2
D-76131 Karlsruhe

KIT Scientific Publishing is a registered trademark of Karlsruhe
Institute of Technology. Reprint using the book cover is not allowed.

www.ksp.kit.edu

*This document – excluding the cover – is licensed under the
Creative Commons Attribution-Share Alike 3.0 DE License
(CC BY-SA 3.0 DE): http://creativecommons.org/licenses/by-sa/3.0/de/*

*The cover page is licensed under the Creative Commons
Attribution-No Derivatives 3.0 DE License (CC BY-ND 3.0 DE):
http://creativecommons.org/licenses/by-nd/3.0/de/*

Print on Demand 2014

ISSN  1869-5183
ISBN  978-3-7315-0220-3
DOI  10.5445/KSP/1000041112

Karlsruher Institut für Technologie (KIT)
Institut für Mikrostrukturtechnik (IMT)

Universitätsklinikum Heidelberg-Mannheim
Sektion Experimentelle Dermatologie

# Entwicklung eines mikrofluidischen Zweikammer-Chipsystems mit integrierter Sensorik für die Anwendung in der Tumorforschung

Zur Erlangung akademischen Grades
Doktor der Ingenieurwissenschaften
von der Fakultät für Maschinenbau
Karlsruher Instituts für Technologie

genehmigte **Dissertation**

von

**Dipl.-Ing. Taleieh Rajabi aus Mashad/Iran**

Tag der mündlichen Prüfung: 20.03.2014
Hauptreferent:       Prof. Dr. Andreas E. Guber
Korreferenten:       Prof. Dr. Volker Saile
                     Prof. Dr. Stefan W. Schneider

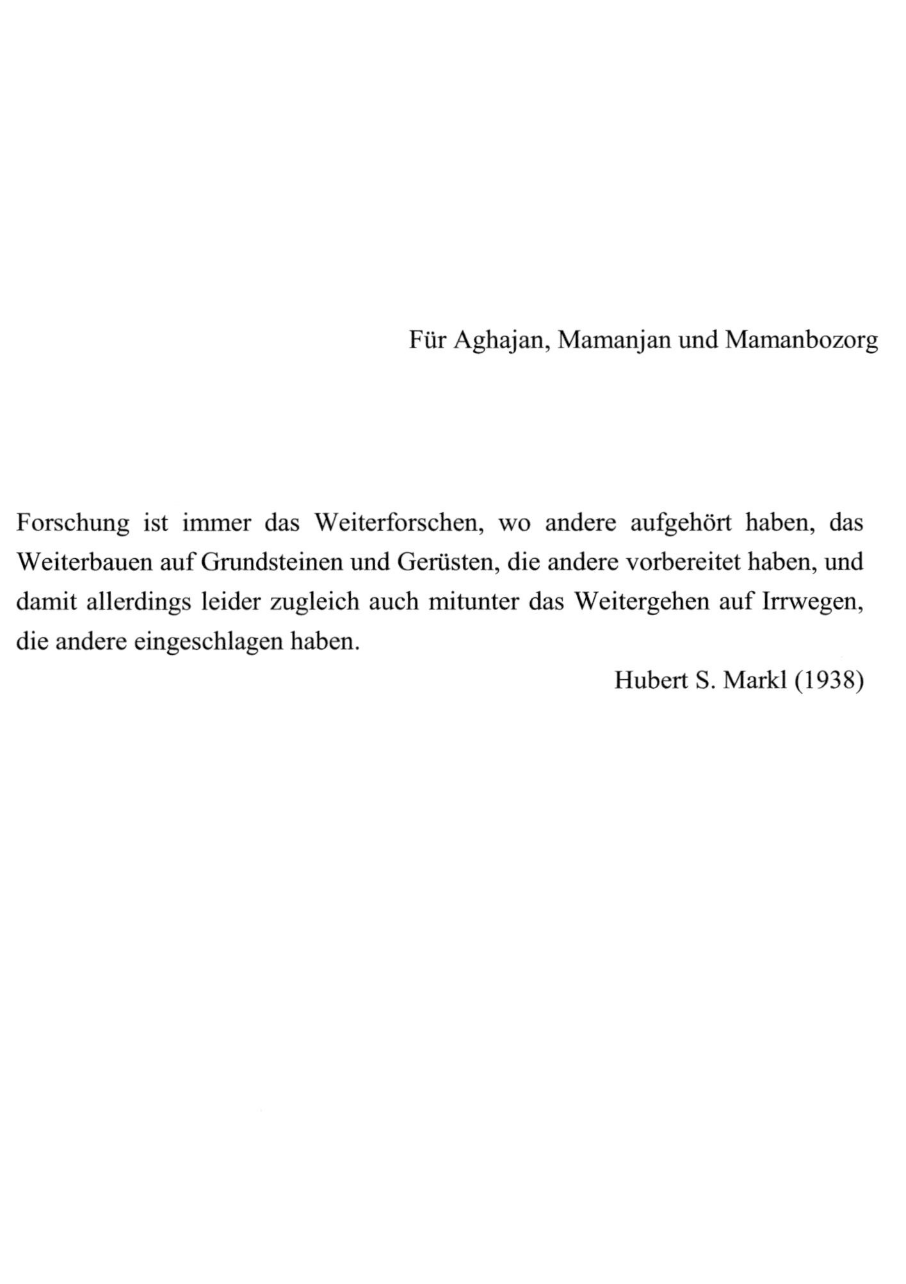

Für Aghajan, Mamanjan und Mamanbozorg

Forschung ist immer das Weiterforschen, wo andere aufgehört haben, das Weiterbauen auf Grundsteinen und Gerüsten, die andere vorbereitet haben, und damit allerdings leider zugleich auch mitunter das Weitergehen auf Irrwegen, die andere eingeschlagen haben.

Hubert S. Markl (1938)

# Danksagung


Eine wissenschaftliche Arbeit ist nie das Werk einer einzelnen Person, deshalb möchte ich mich an dieser Stelle bei allen bedanken, die zum Gelingen dieser Arbeit beigetragen haben:

Ein ganz besonderer Dank gilt meinem Doktorvater Herrn Prof. Dr. A. E. Guber, der diese sehr interessante Arbeit zusammen mit Herrn Prof. Dr. S. W. Schneider vom Uniklinikum Heidelberg-Mannheim anregte. Er nahm sich stets Zeit, die Ergebnisse meiner Arbeit zu verfolgen und zu diskutieren. Es war mir eine große Ehre, Ihre Doktorandin zu sein und mit Ihnen zu arbeiten.

Für die freundliche Übernahme der Korreferate gehört auch mein ganz besonderer Dank Herrn Prof. Dr. V. Saile und Herrn Prof. Dr. S. W. Schneider.

Prof. Dr. V. Saile danke ich für das Vertrauen in meine Person, wodurch ich an diesem sehr interessanten Thema weiter arbeiten durfte.

Prof. Dr. S. W. Schneider und seiner Arbeitsgruppe danke ich für die Zusammenarbeit, die stets freundliche Atmosphäre und die Unterstützung bei den biomedizinischen Experimenten.

Herrn Dr. R. Ahrens möchte ich für die Betreuung, die Unterstützung und das Vertrauen in meine Arbeit und die vielen interessanten Diskussionen danken. Ich werde seine offene und humorvolle Art vermissen.

Herrn Dr. V. Huck möchte ich für die Betreuung und die Unterstützung beim experimentellen Teil meiner Arbeit, die vielen Skype-Diskussionen und für viele tolle Vorschläge danken. Sein Fachwissen, auch im naturwissenschaftlichen und technischen Bereich, hat zum Erfolg meiner Arbeit beigetragen.

Marie-Christian Apfel danke ich für viel Hilfe bei der Durchführung der biologischen Experimente.

Für die freundliche Unterstützung möchte ich allen Mitarbeitern des Instituts für Mikrostrukturtechnik (IMT) danken, insbesondere Frau A. Moritz und ihrem Werkstattteam, Herrn M. Schneider, Herrn Dr. U. Köhler, Frau H. Fornasier, Herrn A. Bacher, Herrn P. Abaffy, Frau N. Giraud, Herrn M. Heiler, Frau I. Humbert, Frau M. Nowotny, Herrn Dr. D. Maas, Frau K. Klein, Herrn U. Klein und Herrn Dr. H. Moritz.

Meinen Studenten Mohammad Soltan Abady, Mohammad Farsi, Juli Wolfertz, Lohith Pemmasani, Juli Fauser, Christina Bassing, Marius Kees und

Marlene Winker danke ich für ihren Einsatz, nette Gespräche und interessante Ideen.

Für eine kollegiale Atmosphäre im Raum 229 des IMT danke ich meinen netten, humorvollen Kollegen Kristian Lay, Tobias Meier und Dr. Michael Röhrig, die mir immer hilfsbereit zur Seite standen.

Thomas Kaltofen danke ich von ganzem Herzen für seine Unterstützung und Hilfe. Dastet dard nakone.

Meinen Freunden danke ich für die wundervolle und unvergessliche Zeit in Karlsruhe.

Ebenso an dieser Stelle danke ich meinen Onkel Ahmad Rajabi und meiner Tante Zari Rajabi für die Unterstützung und meinen wunderbaren Freunden Philipp, Anja, Elisabeth, Friedrich, Anna und Lotti von Rosenstiel für die wunderschöne Zeit, für viele Ratschläge und für viele Unterstützung.

Meinem Freund Simon danke ich besonders. Er ist zur richtigen Zeit in meinem Leben erschienen und hat mich mit viel Liebe während der letzten Etappe meiner Arbeit begleitet.

Nicht zuletzt danke ich meinen Eltern Fatemeh Seyedi Dehno und Hadi Rajabi und meinen Geschwistern Toktam, Mohammad, Danial und Pooriya und meinem Neffen, Amirali, dass sie unablässig an mich geglaubt und mich unterstützt haben. Ich liebe Euch sehr.

از خدای بزرگ بسیار سپاسگزارم. ۱۲ سال تلاش و کوشش به ثمر نشست و من به مقصدی رسیدم که بابت بودن در آن باید از بسیاری تشکر کنم. از کسانی که من را حمایت کردند و تشویقهایشان من را به ادامه راه دلگرم کرد. همچنین از کسانی که من را باور نداشتند و همین باعث شد که من بیشتر تلاش کنم تا خودم به این باور برسم که من میتوانم.

مامان جان و آقاجان با اینکه شما در این مدت در کنارم نبودید، اما دعای شما همیشه بدرقه راه من بود. این کتاب را با تمام وجودم و پر از مهربانی به شما هدیه میکنم. روحتان شاد.

مامان‌بزرگ عزیز این کتاب را هم به شما تقدیم میکنم، خیلی ناراحتم که شما در همچنین لحظه در کنارم نیستید. میدانم بسیار خوشحال میشدید و افتخار میکردید. روحتان شاد.

مامان و بابا عزیزم، من یاد گرفتم که هیچ وقت امیدم را از دست ندهم. خانمان کوچک بود ولی آسمانمان آبی و بی‌انتها. این کتاب چند ورقی بیش نیست، ولی یک عمر صبر امید و تلاش در آن پنهان شده است. تقدیم به شما.

محمد، تکتم، دانیال، پوریا و امیرعلی بودن شما در کنارم، خوشحالی شما و آرامش شما به من خود باوری و صبر ایوب هدیه داد. این کتاب تقدیم به شما.

Taleieh Rajabi                                         Karlsruhe, den 31.01.2014

# Kurzfassung

Für die Untersuchung des hämatogenen Metastasierungsprozesses wurde im Rahmen dieser Arbeit ein mikrofluidischer Zweikammer-Chip entwickelt, der als künstliches Blutgefäß für Adhäsions- und Migrationsversuche von Melanomzellen auf humanen Endothelzellen unter Flussbedingungen erfolgreich angewandt und patentiert wurde. Durch Implementierung ortsaufgelöster Impedanzsensorik wurde zudem die endotheliale Barrierefunktion mittels Electric Cell-Substrate Impedance Sensing (ECIS) detektiert und quantifiziert. Bisherige Transmigrationskammern für die Anwendung unter statischen Bedingungen einerseits, sowie mikrofluidische Flusssysteme andererseits, lassen bislang lediglich die isolierte Untersuchung einzelner Aspekte der Extravasation zu, ohne dem Einfluss sämtlicher Umgebungsbedingungen innerhalb der Mikrozirkulation während dieses Prozesses Rechnung zu tragen. Das gesamte System besteht aus dem Polycarbonat (PC). Die mikrofluidischen Chipteile wurden durch Heißprägen hergestellt und mittels thermischen Bondens zusammen mit einer porösen Polycarbonat-Membran mit spezifischer Porendichteverteilung verbunden. Für die biologischen Experimente wurde der untere Kanal mit Matrixkomponenten (Gelatine) gefüllt. Die humanen Endothelzellen (EC) wurden in das obere Kanalsystem zugegeben, die nach 48 Stunden eine fast homogene Monoschicht bildeten. Nach dieser Zeit wurde eine Lösung mit Krebszellen, die mit Cell Trace Calcein grün eingefärbt wurden, über die EC-Schicht innerhalb des oberen Kanalsystems gegeben, um die Migrationsschritte der Krebszellen zu untersuchen. Es wurde beobachtet, dass eine kleine Anzahl von Krebszellen die EC-Monoschicht und die poröse Membran durchdringt und in die Matrix des unteren Kanals austritt. Für Impedanzmessungen wurden zusätzliche Goldelektroden auf der Oberseite der Membran mittels UV-Lithographie und nasschemischem Ätzprozess strukturiert. Die Messung mit der Membran wurde in einer speziellen Testkammer unter Zugabe von Gelatine, Zellkulturmedium und Endothelzellen durchgeführt, welche im Frequenzbereich ($10^2$ Hz – $10^7$ Hz) stattfand. Als Eingangssignal wurde ein Multi-Sinus verwendet. Diese Experimente wurden im Brutschrank unter konstanten Parametern (bei 37 °C und 5 % $CO_2$-Gehalt) durchgeführt. Die Ergebnisse zeigen, dass bei der Anheftung der Zellen auf der Elektrodenoberfläche zu Beginn der Zellaussaat, die Impedanz langsam steigt. Der Grund dafür ist, dass die Zellen den elektrischen Pfad behindern. Die Impedanz erreicht nach 24 Stunden Wachstum ihren höchsten Wert. Abschließend wurde beobachtet, wie sich der Impedanzwert ändert, wenn die Zell-Zell-Verbindung durch externe Manipulationen zerstört wird. Die Impedanzmessungen wurden durch mikroskopische Untersuchung des endothelialen Wachstums begleitet. Der umgekehrt proportionale Zusammenhang zwischen Elektrodengröße und Impedanz konnte reproduziert werden.

# Abstract

For the in-vitro investigation of the process of haematogenous metastasis we have developed a two-layered microfluidic channel system which can be used as an artificial blood vessel system. In contrast to other groups, which e.g. use a Boyden chamber for static experiments, our design even allows the investigation of the influence of shear flow. In addition to the optical detection methods for the characterization of the barrier properties of endothelial cells on the membrane, we have developed integrated gold electrodes on top the membrane acting as impedance sensors. The impedance spectroscopy, the Electric Cell-substrate Impedance Sensing (ECIS) is an accurate method to examine the electrical properties of membranes or cell layers. In general, the cell shape and the architecture of the cell type-specific cell-cell and cell-matrix contacts determine the final impedance value. As soon as the cells are stimulated by cancer cells or by addition of active agents, the cells shape change, which is displayed in change of the impedance. The whole system consists of the polymer polycarbonate (PC) due to its excellent biocompatibility and optical transparency. The two layers of the microfluidic system are fabricated by hot embossing and finally assembled using a thermal bonding process. Both layers are separated by a porous PC membrane with a specific pore density distribution. For the biological experiments, the lower channel was filled with matrix components. Then human endothelial cells (EC) were seeded into the upper channel system. After 48 hours, an almost homogeneous monolayer of EC was achieved. After this time an isoosmolar solution containing green-stained cancer cells was flooded over the EC layer inside the upper channel system to investigate the migration steps of the cancer cells. It was observed that a small number of cancer cells penetrates the EC monolayer and the porous membrane and enters the matrix of the lower channel. To perform impedance measurements, gold electrodes have to be structured on top of the porous membrane using optical lithography and chemical etching. The measurements were performed with gelantine cell culture medium (EGM2) and later the endothelial cells were cultivated. The measurements are carried out in the high frequency range

$(10^2 - 10^7$ Hz) applying a multi-sine wave signal as an optimized broadband stimulus signal. All of these processes have been performed in an incubator under constant parameters. We could also demonstrate that large electrodes had smaller impedance than small electrodes and that the parameters temperature and $CO_2$ saturation change the absolute value of the impedance causative for avoidable measuring inaccuracies. As the cells adhere and spread on the electrode surface, they impede the electrical pathway, thus increasing the impedance measurement. The measurements show that the impedance is increased after 24 hours of endothelial cell growth. The impedance measurements were accompanied by microscopical examinations of the endothelial growth. Moreover, it was observed that the impedance value changes when the cell-cell connection is destroyed by external manipulation.

# Abkürzungsverzeichnis

| | |
|---|---|
| ECIS | Electrical Cell-substrate Impedance Sensing |
| EDTA | Ethylendiamintetraessigsäure |
| EDX | Energiedispersive Röntgenspektroskopie |
| EGM2 | Endothelial Cell Growth Medium-2, Basalmedium mit FCS 0,05 mL/mL, Endothelial Cell Growth Supplement 4 µL/mL, Epidermal Growth Factor 10 ng/mL, Heparin 90 µg/mL und Hydrocortisone 1 µg/mL. |
| EZM | Extrazelluläre Matrix |
| HUVEC | Human Umbilical Vein Endothelial Cells |
| ICP | RIE mit induktiv eingekoppelter Plasma-Quelle |
| IS | Impedanzspektroskopie |
| M199 | Medium für die Kultivierung der Endothelzellen, M199: Earle's salts, L-glutamin, sodium bicarbonat, 10 % FCS, 1 % Heparin, 1 % Penicellin/Streptomycin, 1 % cattle eyes growth factor. |
| MV3 | Melanom (Krebs-) Zelllinie |
| NaOH | Natriumhydroxid |
| PBS | Phosphatgepufferte Salzlösung |
| PDMS | Polydimethylsiloxan |
| PKD | Polykristalliner Diamant |
| PMMA | Polymethylmethacrylat |
| PVD | Physikalische Gasphasenabscheidung |
| REM | Rasterelektronenmikroskop |
| RF | Kapazitiv angekoppelte Leistung |
| RIE | Reactive-ion etching (Plasmaätzen) |
| sccm | Standardkubikzentimeter pro Minute beschreibt unabhängig von Druck und Temperatur eine definierte strömende Gasmenge pro Zeiteinheit (Stoffmenge normiert auf $T = 0$ °C und $p = 1$ bar) |
| VEGF | Vascular Endothelial Growth Factor |
| UKP | Ultrakurzpulslaser |
| UV | Ultraviolett |

# Inhaltsverzeichnis

# 1 Einleitung

Kaum eine Diagnose wird von den Menschen so ernst genommen, wie die von Krebs, obwohl dies dank der Fortschritte in Medizin und Wissenschaft nicht mehr zwangsläufig das Todesurteil bedeutet [1]. Krebs ist ein bösartiges Geschwulst, das durch überschießendes, ungehemmtes Wachstum körpereigenen Gewebes entsteht. Tumorerkrankungen gelten inzwischen als die zweithäufigste Todesursache in Deutschland und weltweit [2]. Experten vermuten, dass die Zahl der Krebserkrankungen bis zum Jahr 2050 um 30 % steigen wird [3]. Die Ursachen dafür sind neben dem zunehmenden Alter, unausgewogene Ernährung, chemische Einflüsse, Immunschwäche und Viren. Ein sehr wichtiger Faktor ist das Rauchen. Die deutsche Krebshilfe berichtet, dass jedes Jahr in Deutschland immer noch 110.000 Menschen an den Folgen des Rauchens sterben, rund 90 % aller Lungenkrebserkrankungen wurden dadurch verursacht [3]. Jedes Jahr erkranken etwa 500.000 Menschen in Deutschland neu an Krebs, die Hälfte davon stirbt daran. Die Tabelle 1.1 zeigt die statistische Zahl der Neuerkrankungen [4].

Tabelle 1.1: Statistische Zahl der Neuerkrankungen in Deutschland, ermittelt durch das Deutsche Krebsforschungszentrum [4].

| Krankheiten | Neuerkrankungen pro Jahr in Deutschland |
|---|---|
| Krebs | 490.000 |
| Herzinfarkt | 300.000 |
| Schlaganfall | 270.000 |

Das Hauptrisiko von Krebs liegt in der Eigenschaft der Krebszellen, in anderen Organen und Gewebe zu metastasieren. Der Primärtumor produziert Krebszellen, die in das Lymph- und Blutgefäßsystem eindringen und dadurch mit dem Blutstrom in ferne Körperregionen transportiert werden. Schließlich haften sie an der Blutgefäßwand, durchdringen diese und lassen sich im umliegenden Gewebe nieder. Die Untersuchung dieser Vorgänge ist Teil der Krebsforschung, welche die Grundkenntnisse zum Verstehen der Krebsentstehung bis hin zu Diagnose und Behandlung beinhaltet. Viele Fragen sind aber noch immer nicht oder nur unzureichend beantwortet: Wie kann ein solches Phänomen besser und effektiver *in vitro* untersucht werden, welche Verfahren können eingesetzt werden oder unter welchen Bedingungen sollten die Untersuchungen durchgeführt werden? Es sollte möglich sein anhand der Struktur und Eigenschaften des menschlichen Organismus bzw. der Zellen ein zellbasiertes *in-vitro*-Testsystem zu entwickeln. Die Grundlage dieser Technologien wird in mikrofluidischen Chipsystemen wie z.B. Biochip (Microarray), Zell-on-Chip oder Animal-on-Chip [5] verwendet. Diese Systeme beinhalten viele winzige Kanäle, in denen Kapillarkräfte wirken und sich Flüssigkeiten wie z.B. Blut unter laminaren Strömungsbedingungen bewegen. Auch verschiedene Zellenarten wie z.B. Stammzellen oder Krebszellen werden mit solchen Systemen charakterisiert und untersucht [6]. Prinzipiell ist es auch möglich, durch speziell konzipierte, mikrofluidische Kanalsysteme, wesentliche Teile des Blutkapillarsystems im menschlichen Körper nachzustellen. Vorstellbar sind dabei mikrotechnisch gefertigte Bauteile, die unterschiedlichste Mikro-Kompartimente enthalten, welche sich einerseits für die Kultivierung von Zellgewebe eignen und andererseits in modifizierter Form als Blutkapillarsysteme verwendet werden können. Ein solches Fluidiksystem auf Basis von polymeren Chips würde sich hervorragend eignen, um gezielte Migrationsversuche von Tumorzellen aus einem Blutgefäß in das menschliche Gewebe, unter ähnlichen Strömungsverhältnissen, durchzuführen [7-8]. Wegen der tumoriziden Wirkung des menschlichen Immunsystems im Blutstrom und der vorherrschenden Scherkräfte, kommt einer frühzeitigen Anhaftung und Extravasation der Tumorzellen und der zu Grunde liegenden Tumor-Endothel-Interaktion besondere Bedeutung zu [9]. Bisher wurden einzelne Schritte dieses Verfahrens durch andere Gruppen untersucht. Ein bekanntes System ist die Boyden-Kammer [10-11] (vgl. Abbildung 1.1, linkes Bild) in der die Chemotaxis[1] [12] und Migration unter stati-

---

[1] Im Allgemeinen reagieren die Zellen, wenn sie durch Verletzungen wie Entzündungen oder durch Angriffe durch Tumorzellen gereizt werden, mit der Ausschüttung von Signalproteinen, die die Zellen des Immunsystems anlocken. Diese Signalproteine ("Chemokine") diffundieren durch das Gewebe und bilden dabei ein Konzentrationsgefälle aus. Normalerweise werden die Chemokine von Rezeptoren der Immunzellen erkannt. Durch die Wirkung der Chemokine in den entzündeten Geweben schütten die Immunzellen eine reaktive Sauerstoffspezies und Enzyme aus, die mögliche bakterielle Eindringlinge abtöten sollen. Das chemotaktische Verhalten von Zellen wird meist in einer sog. Boyden-Kammer „Chemotaxis Assay", in der die Zellen aus einer Testsubstanz durch eine Membran getrennt sind, untersucht. Chemotaktisch aktive Verbindungen induzieren die Migration von Zellen durch die Membran in die Kammer.

schen Bedingungen [13] untersucht wird. Andere Gruppen nutzen das Ein-Kammersystem [14] (vgl. Abbildung 1.1, rechtes Bild) für medizinische Experimente unter Strömungsbedingungen. Damit werden die Anheftung und die Interaktion von Krebszellen mit der Blutgefäßwand untersucht.

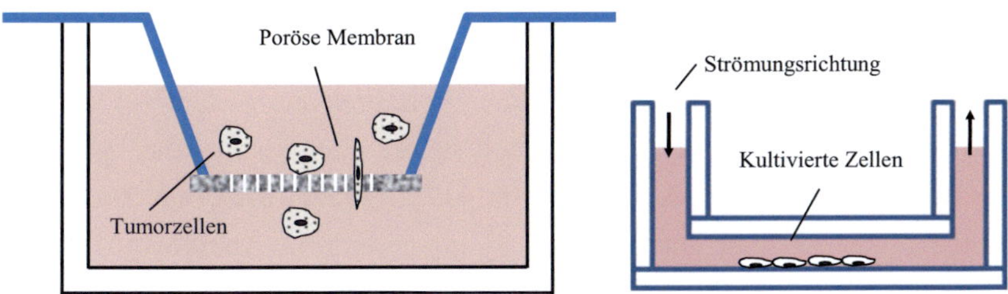


Abbildung 1.1: Links: Schema einer Boyden-Kammer (verändert nach [8]), dargestellt durch zwei Bereiche, die durch eine poröse Membran getrennt sind. Der untere Bereich ist mit Chemokine gefüllt, welche einen Gradienten durch die natürliche Diffusion in das obere Abteil, wo sich die Zellen befinden, ermöglicht. Rechts: Schema des Ein-Kammersystems der Firma Ibidi, welches für Experimente mit kultivierten Zellen unter Fluss verwendet wird (verändert nach [14]).

Ein wichtiger Aspekt für die Architektur einer Mikrofluidikkammer ist das Design des Systems unter Verwendung einer effizienten Mikrofertigungstechnologie. Dies bezieht sich auf die Biokompatibilität, die Betrachtung der rheologischen und physikalischen Charakteristik des Gefäßsystems. Das Blutgefäß besteht aus einer Schicht Endothelzellen und einer Schicht Basalmembran. Allerdings werden in bisherigen Transmigrationskammern nur einzelne Aspekte der Extravasation experimentell untersucht. In 90 % aller Fälle wurden die Chips aus Polydimethylsiloxan (PDMS) [15-17] gefertigt. Es gibt jedoch Hinweise, dass dieses Material nicht für die Untersuchung des Zell-Wachstums und der Migration von Krebszellen geeignet und auf Dauer für die Zellen schädlich ist [16]. Andererseits werden die Zellen meist für die Untersuchung angefärbt oder mit bestimmten fluoreszierenden Substanzen markiert und anschließend optisch detektiert. Diese Methoden beeinflussen meist die Zellphysiologie und sind oft zeitaufwendig. Aus diesen Gründen steigt das Interesse am Einsatz biosensorischer Techniken zur Charakterisierung der Proben. Die Zellen werden mit einer sensorischen Komponente wie

Goldelektroden verknüpft. Dadurch wird ihre Reaktion auf einen bestimmten Reiz in ein messbares Signal übersetzt. Ein Paradebeispiel ist die Impedanzspektroskopie, die eine zerstörungsfreie Charakterisierung von zellhaltigen Suspensionen und Gewebe ermöglicht. Die Methode wird in zahlreichen biologisch-medizinischen Teilbereichen, wie der Pharmakologie und Toxikologie, der Zellphysiologie, sowie der Tumorforschung angewendet. Die am meisten verwendete Methode ist das Verfahren des ECIS „Electrical Cell-Substrate Impedance Sensing" und wurde erstmals in Jahr 1984 von Giaever und Keese et al. beschrieben [17]. Zurzeit wird, auf Basis des Systems von Applied Biophysics [18], dargestellt in Abbildung 1.2, die Untersuchung in Wells auf einer Plattform durchgeführt. Die Messungen werden mittels zweier Elektroden durch Anlegen einer Wechselspannung durchgeführt, sodass aus dem resultierenden Strom der Impedanz der Zellschicht bestimmt werden kann, welcher nach Schneeberger et al. [19-20] in Beziehung zu der parazellulären Permeabilität der Zellschicht steht. In der gegenwärtig bekannten Literatur [21-25] wird die Impedanzmessung sehr häufig mit Endothelzellen (HUVEC) durchgeführt. Die Endothelzellen haben eine große Bedeutung für viele Prozesse im menschlichen Körper [26].

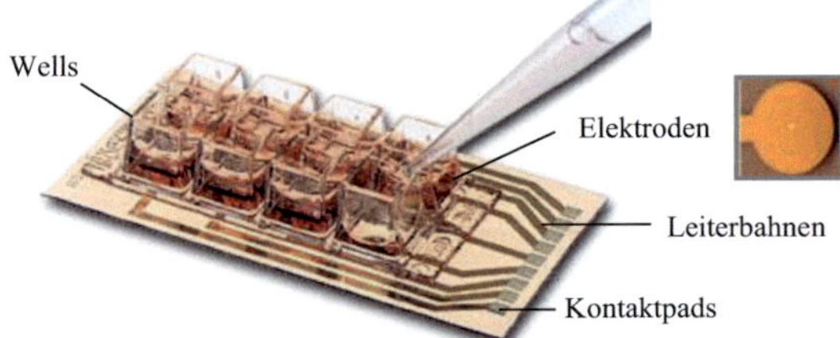


Abbildung 1.2: Von Applied Biophysics hergestellter 8W1E-Chip für Impedanzmessungen [18].

Zu diesem Zweck wurde am Institut für Mikrostrukturtechnik (IMT) des Karlsruher Instituts für Technologie (KIT) in der ersten Phase der Kooperation mit der Medizinischen Fakultät Heidelberg-Mannheim, Sektion Experimentelle Dermatologie, ein mikrofluidischer Chip entwickelt. Die beiden

Chipteile sind durch eine Membran (Porengröße 5 µm und Porendichte von $4 \times 10^5/\mathrm{cm}^2$) voneinander getrennt [27] (vgl. Abbildung 1.3).

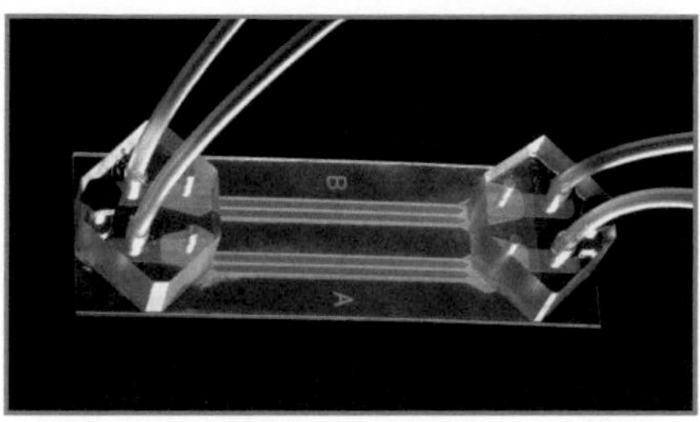

Abbildung 1.3: Die erste Version des mikrofluischen Chips, hergestellt durch Mikrozerspanung, thermisches Bonden und Klebeverfahren [27].

Die Weiterentwicklung des obigen Chipsystems in unterschiedlichen mikrofluidischen Bereichen, erfolgt mit den am KIT Campus-Nord zur Verfügung stehenden mikrotechnischen Fertigungsmethoden wie Laser-Mikromaterialbearbeitung und Mikrozerspanen. Außerdem kann auf verfügbare Montagetechniken zurückgegriffen werden.

Im Rahmen dieser Dissertationsarbeit soll versucht werden, ein optimiertes mikrofluidisches System auf Polymerbasis aufzubauen, in welchem einerseits in geeigneten Bereichen Gewebezellen über längere Zeiträume kultiviert werden können und andererseits bestimmte Areale als Blutbahnen fungieren können. Nach einem geeigneten Design auf Basis der vorherigen Arbeit [27] soll zur optimalen Anordnung des gesamten Chipsystems neben den Mikro-kanälen weiterhin eine geeignete Zellkulturmembran mit definierter Poren-dichteverteilung zum besseren Anwachsen von Gewebekulturen verwendet werden. Die Transparenz des Chipsystems muss auch nach der Verwendung der neuen Fertigungstechnologien weiter bestehen bleiben, um mikroskopi-sche Aufnahmen der Proben zu ermöglichen. Ebenso soll mit integrierten Messelektrodenstrukturen auf der Membran der Zustand der Gewebezellen jederzeit verfolgt werden können (vgl. Abbildung 1.4). Die Membran simu-liert in dieser Arbeit die Basalmembran der Blutgefäßwand. Auf der Membran werden die Zellen der Blutgefäßwand (Endothelzellen) kultiviert.

Über Impedanzmessungen, die Messung des komplexen Wechselstromwiderstands, der ein Maß für die Permeabilität eines Zellmonolayers für organische und anorganische Ionen darstellt, sollen so zukünftig Aussagen einerseits über Zelladhäsion und Barrierefunktion der kultivierten Endothelzellen und andererseits über Reaktion der Zellen auf externe Manipulation ermöglicht werden.

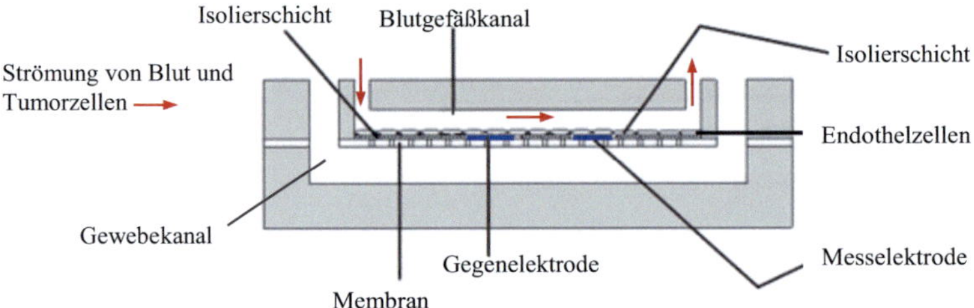


Abbildung 1.4: Schema des mikrofluidischen Chips mit integrierter Sensorik

Alle biologisch-medizinischen Experimente zur Biokompatibilität, zum Funktionstest des Systems, zur Sensorik und zur Migration von Tumorzellen werden in enger Kooperation mit der Sektion Experimentelle Dermatologie des Universitätsklinikums Heidelberg-Mannheim durchgeführt.

# 2 Grundlagen

Der entwickelte mikrofluidische Chip bildet durch Kombination von technischen und biologischen Komponenten das menschliche Blutgefäßsystem für die Anwendung in der Krebsforschung nach. Die mikrofluidischen Eigenschaften ermöglichen das Verstehen des Flüssigkeitstransports und dessen Mechanismen. Mithilfe von messtechnischen Methoden, wie optischer Mikroskopie und Impedanzmessungen, wurden die Barriereeigenschaften von Zellen im System charakterisiert. Dieses Kapitel befasst sich mit den medizinischen, mikrofluidischen und messtechnischen Grundlagen.

## 2.1 Einführung in den medizinischen Hintergrund

### 2.1.1 Biologie des vaskulären Systems

Blutgefäße spielen eine wichtige Rolle für Lebenserhaltung und Funktion eines Organismus, sind verantwortlich für das physiologische Streben nach Einhaltung eines Gleichgewichts (Homöostase) [28] und sind praktisch an allen pathophysiologischen Erkrankungen beteiligt. Die biologischen Grundlagen des Gefäßsystems sind daher für das Verständnis der normalen Funktion von Organen und vieler Erkrankungen (u. a. Krebs) erforderlich. Eine Aufgabe des Blutgefäßsystems ist u. a. die Verteilung von Nährstoffen und Sauerstoff im Körper, um alle Zellen ausreichend zu versorgen und Stoffwechselvorgänge zu ermöglichen. Die Kapillaren, welchen die kleinsten Teile des Blutgefäßsystem sind und welche dem Stoffaustausch dienen, bestehen aus Endothelzellen und der Basalmembran [26].

**Endothelien und Epithelien**

Epithelien kleiden die inneren und äußeren Oberflächen des Körpers wie Organe aus [29]. Die Zellen sitzen so dicht aneinander, dass weder Interzellularraum, noch Interzellularsubstanz vorhanden sind. Ein weiteres wichtiges Merkmal von Epithelien ist die Ausbildung von Zellverbindungen und -kontakten. Die Epithelien haben sehr unterschiedliche Gestalt und Funktionen: Sie schützen die Oberflächen des Körpers, transportieren Stoffe von Medium zu Medium und produzieren Stoffe. Die Epithelien befinden sich auf einem gefäßführenden Bindegewebe. Dazwischen befindet sich als Grenzschicht die sogenannte Basalmembran. Die Endothelzellen sind eine spezielle Art von Epithelzellen [26], [29-30]. Die innerste Auskleidung des Blutgefäßes besteht aus Endothelzellen. Die Endothelzellen haben viele Funktionen sowohl im gesunden als auch im kranken System [26].

Das Endothel regelt als Barriere den Stoffaustausch zwischen Gewebe und Blut und produziert für die Regulation des Blutdrucks wichtige Substanzen wie Stickstoffmonoxid (NO). Anderseits hat das Endothel Auswirkung auf das Fließverhalten des Blutes u. a. durch Hemmung und Aktivierung von Gerinnungsprozessen. Weiterhin spielt das Endothel eine wichtige Rolle bei Entzündungsvorgängen. Aus diesen Gründen bewirkt eine Funktionsstörung des Endothels eine gravierende pathologische Folge. Bei vielen vaskulären Krankheiten verlieren die Endothelzellen ihre Fähigkeit als semipermeable „halbdurchlässige" Membran [26].

**Basalmembran**

Die Basalmembran ist eine Form der extrazellulären Matrix, welche eine Rolle zur Stabilisation der Endothel-Zellschicht hat. Sie ist meist aus zwei morphologisch unterscheidbaren Schichten aufgebaut: Basallamina und Lamina densa [29]. Die Basalmembran ist ein Art Substrat für die Zelladhäsion, wodurch Polarisation und Migration von Zellen ermöglicht wird. Proteine wie Fibronectin, Laminin und verschiedene Kollagenformen sind Bestandteile der Basalmembran, die einen unterstützenden Einfluss auf Zellmigration und -ausbreitung verursachen [32].


## 2.1.2 Krebszellbiologie

Unkontrollierbares Zellwachstum, Stimulierung der Bildung von neuen Blutgefäßen nach der Metastasierung (Angiogenese) und Extravasation (Gewebeinvasion) charakterisieren Krebs, der als malignes (bösartiges) Geschwulst (Tumor), das durch Mutationen in verschiedenen Genen entsteht, bezeichnet wird [26]. Die Mutationen beeinflussen Zellverteilung, Zellüberleben, Zellbeweglichkeit, Invasion[2] und Angiogenese. Sie aktivieren oft die zellulären Signalwege. Die Aktivierung führt zu einer unkontrollierten Zellvermehrung und stört die normale zelluläre Differenzierung. In den Krebszellen sind die Schutzmechanismen so verändert, dass die geschädigten Zellen, die im normalen Fall sterben müssten, überleben [26, 33].

### 2.1.3 Metastasierung

Nach einem invasiven Wachstum der Tumorzellen, dem Verlust der Zell-Zell-Verbindung und der Entstehung eines Primärtumors werden die Zellen vom Primärtumor durch das Lymph- oder Blutsystem an einen anderen Ort im Körper verschleppt, wo sie dann später Metastasen bilden. Die Metastasierung beginnt mit dem Eindringen von Tumorzellen in die Metastasierungswege wie Blut- und Lymphbahnen. Dort bleiben die malignen Zellen bis sie sich mit den immunologischen[3] und spezifischen Tumorabwehrmechanismen auseinandergesetzt haben. Im letzten Schritt treten die Tumorzellen aus den Metastasierungswegen heraus [33].

### 2.1.4 Hämatogene Metastasierung

Die Erfahrungen zeigen, dass viele Tumorzellen spezifisch in bestimmten Organen Metastasen bilden (Organpräferenz) [33]. Dieser Vorgang ist u. a. durch die hämatogene Metastasierung erklärbar. Treten die Tumorzellen in das Blutgefäßsystem durch Invasion der Kapillaren ein (Intravasation) (vgl. Abbildung 2.1, Phase I), folgt eine hämatogene Metastasierung und führt durch endotheliale Haftung und Emigration aus dem Gefäßsystem zur Bildung von Tumor-Klone (Extravasation) (vgl. Abbildung 2.1, Phase II). Die Tumorzellen erfahren dadurch ein außerordentliches Trauma. Nur einzelne Zellen überleben diesen Prozess [33]. Abbildung 2.1 erläutert schematisch die Metastasierungsvorgänge.

---

[2] Invasion lässt sich in drei Schritten erläutern: 1) Auflösung der Zell-Zell-Verbindungen, 2) Änderung der extrazellulären Gewebematrix, 3) aktive Bewegung [33].

[3] Immunsystem: Körperfremde Oberflächen oder Substanzen (z.B. Tumorzellen) werden von Zellen des Immunsystems erkannt und es wird darauf mit Synthese von Antikörpern reagiert.

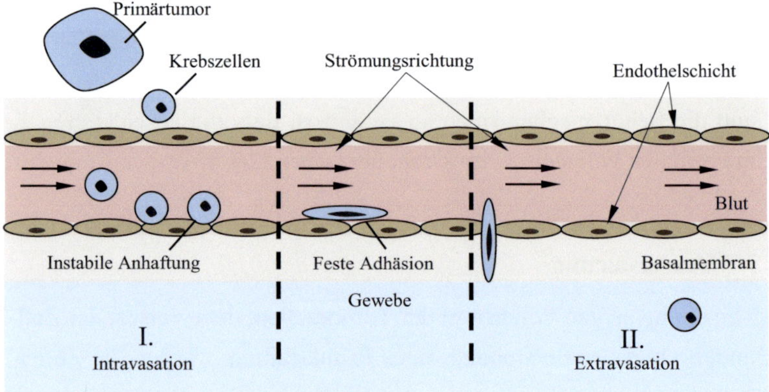


Abbildung 2.1: Schematische Darstellung der Metastasierungsschritte. In der Phase I verlassen die Krebszellen ihren Entstehungsort – den so genannten Primärtumor – und wandern durch die extrazelluläre Matrix in das Blutsystem und können sich nach Überleben der Phase II in anderen Organen des Körpers niederlassen, sich dort vermehren und Tumorabsiedlungen (Metastasen) bilden.

## 2.1.5 Zellverbindungen

Zellen stehen miteinander in Kontakt bzw. sind untereinander verknüpft. Sie sind zur Aufrechterhaltung ihrer Funktion auf diese dauerhafte Interaktion mit ihrer Umgebung angewiesen. Die Zellverbindungen ermöglichen die mechanische Verknüpfung der Zellen und die Stabilisierung des Gewebeverbandes und dienen Austausch- und Kommunikationsfunktionen. Durch die Zellverbindung werden Ionen und kleine Moleküle von einer Zelle zur anderen transportiert. Das Wachstum von Zellen wird durch die Zellkontakte unterstützt [21, 33]. Die Zellverbindungen teilen sich in drei Arten von Kontakten (eine genauere Beschreibung erfolgt im Abschnitt 2.1.6).

- Undurchlässige Verbindungen (Tight Junctions)

- Haftverbindungen (Zell-Zell-Kontakte und Zell-Matrix-Kontakte)

- Kommunizierende Verbindungen (Gap Junctions)

## 2.1.6 Zell-Kontakte der barrierebildenden Zellen

Wie schon erklärt wurde, verbinden sich Zellen über spezielle Kontaktstellen untereinander und mit der extrazellulären Matrix (EZM) (vgl. Abbildung 2.2). Die undurchlässige Verbindung ist entscheidend für die zelluläre Barriere. Die Zellen sind in der Lage, die Konzentrationsunterschiede für die Feuchtigkeit anziehenden Moleküle über die Zellschicht beizubehalten, was durch einen Tight Junctions-Mechanismus bewerkstelligt wird [21]. Dieses Phänomen, besonderes die Barriereeigenschaften der Endothelzellen [34], wird mittels Impedanzmessung untersucht, welche zur quantitativen Charakterisierung der zellulären Morphologie führt und dadurch u. a. Rückschlüsse auf die zelluläre Barriere des Grenzflächengewebes erlaubt.

Tight Junctions sind als „Verschlusskontakte" die einzigen unter den Zell-Zell-Kontakten, die den parazellulären Transport von Nährstoffen, Ionen und Wasser beeinträchtigen bzw. weitgehend abstellen. Diese Kontakte werden hauptsächlich in Epithelien entdeckt und gestatten diesen, den gerichteten Transport von Substanzen gegen ihren Konzentrationsgradienten von der einen Epithelseite auf die gegenüberliegende. Diese Zellverbindung hat also Schrankenfunktion und entsteht unter vollständigem Verschwinden des Interzellularraumes. Die Tight Junctions befinden sich an den Kontaktstellen von Epithelzellen nahe der apikalen Membran. Die Zone ist für die Transportprozesse wichtig und verantwortlich für die Dichtigkeit des Epithels. Dabei ist die Dichtigkeit von Organ zu Organ unterschiedlich. Beispielsweise kann Wasser durch die Zonula occludens den Darm wesentlich besser durchdringen, als die Harnblase. Die Zonula occludens kennzeichnet die Grenze zwischen apikaler und basolateraler Plasmamembran [32], [35-36].

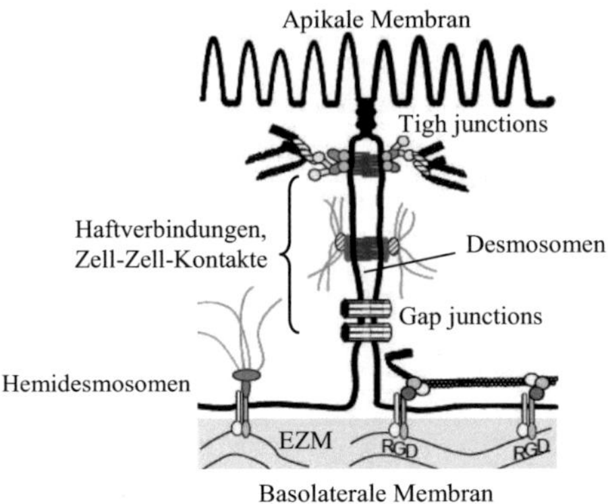



Abbildung 2.2: Schematische Übersicht über die Lokalisation der Zellkontakte, EZM: Extrazelluläre Matrix und RGD: Aminosäuresequenz. Diese Haftverbindungen gestatten den interzellulären Zusammenhalt und tragen auch zur Formerhaltung der epithelialen Zelle bei. Die Desmosomen verbinden eine Zelle und ihr Zytoskelett mit einer Nachbarzelle. Hemidesmosomen verbinden eine Zelle mit einer Basallamina. Gap junctions ermöglichen den Informationsaustausch zwischen zwei Zellen (verändert nach [21]).

## 2.2 Grundlagen der Zellkulturtechnik

Die Zellen (tierische oder humane Zellen) werden unter gleichen Bedingungen wie im Körper in einem Nährmedium außerhalb des Organismus *in vitro* kultiviert. *In vitro* werden der Stoffwechsel, die Teilung und viele zelluläre Prozesse, als auch die Wirkung von Substanzen auf die Zelle(n) erforscht. Dadurch reduziert sich der Nutzen und Zweck von Tierversuchen. Nachteilig ist, dass die natürliche Bedingungen *in vivo* nicht angehalten werden können, da das Nährmedium und das Anheftungssubstrat künstlich sind [37]. Die Zellen können sich dadurch stark verändern und genetische Anomalien zeigen. Wichtig ist, dass alle Arbeiten mit Kulturgefäßen oder Zellen unter sterilen Bedingungen stattfinden sollen, um Kontaminationen u. a. mit Bakterien zu vermeiden. Die Parameter wie die Temperatur, der $CO_2$-Gehalt oder auch die Luftfeuchtigkeit im Inkubator sowie die Auswahl von biokompatiblen Materialien [37], sind sehr wichtig, um optimale Wachstumsbedingungen bereitzustellen [38].

### 2.2.1 Inkubator

*In vitro* sollen die Umgebungsbedingungen der Zellen möglichst ähnlich denen *in vivo* sein. Diese Voraussetzung wird durch das Medium und durch die Bedingungen im Brutschrank erfüllt. Die Temperatur wird konstant bei 37 °C gehalten. Der Brutschrank arbeitet mit einer internen Raumbefeuchtung. Die relative Luftfeuchtigkeit sollte mindestens bei 80 % liegen. Die $CO_2$-Konzentration von 5 % ist ein wichtiger Parameter. Der innere Brutschrank ist mit Kupferblech ausgekleidet, um das Keimwachstum zu hemmen [38]. In dieser Arbeit wurde u. a. ein Inkubator der Firma Eppendorf AG (Inkubator Galaxy 14 S) verwendet.

### 2.2.2 Physiologie der Zellkulturparameter

Bei den Arbeiten *in vitro* muss eine Reihe von physikalischen und chemischen Parametern beachtet werden. Bekannt ist, dass *in vivo* physiologische Grenzen durch Regelmechanismen der Homöostase verwirklicht werden. Aber *in vitro* muss u. a. die Einhaltung der Osmolarität[4] des Mediums und eine ausreichende Pufferung hinsichtlich des pH-Wertes berücksichtigt werden [38].

### 2.2.3 Mikroskopische Untersuchung der Zellkulturen

Um den Zustand der kultivierten Zellen zu kontrollieren und zu analysieren, werden die Untersuchungen mithilfe eines Phasenkontrast-Mikroskops LSM 710 der Firma Zeiss unter sterilen Bedingungen (im Inkubator) durchgeführt (vgl. Abbildung 2.3). Mithilfe des Mikroskops können sowohl die morphologischen Veränderungen der Zellen wie ungleichmäßiges Wachstum, Proliferationsverhalten, Zellveränderungen und Zelltod, als auch die Kontaminationen durch Bakterien festgestellt werden [38]. Ein wichtiger Aspekt bei solchen Untersuchungen ist die Transparenz des Systems, welche durch Auswahl geeigneter Materialien und Bearbeitungsverfahren bewerkstelligt wird.

---

[4] Stoffmenge osmotisch wirksamer Teilchen pro Liter Lösung (Osmol/l). Osmose ist die „Diffusion" einer Flüssigkeit oder eines Gases durch eine Trennschicht, z.B. eine „semipermeable Membran".

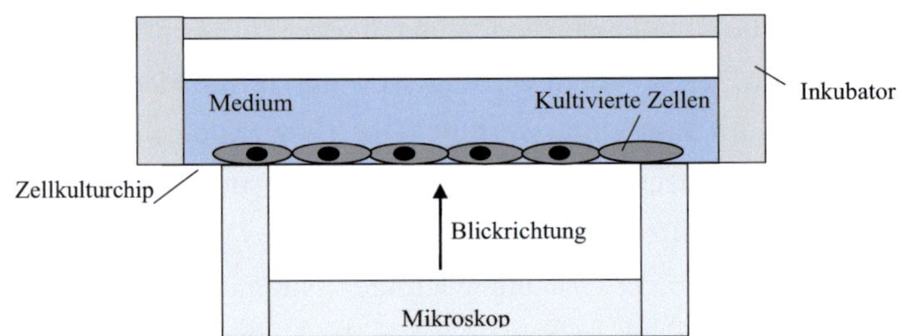


Abbildung 2.3: Anschauliche Darstellung der mikroskopischen Untersuchungen.

## 2.3 Zellzahlbestimmung

Die Anzahl der gesetzten Zellen ist zu Beginn sehr wichtig für deren Wachstumsgeschwindigkeit. Das Wachstum verläuft langsamer, je dünner die Zellen ausgesät werden. Ist das Wachstum jedoch zu dicht, führt dies zu einer schnellen Konfluenz und die Zellen müssen oft subkultiviert5 werden. Eine Methode für die Bestimmung der Zellzahl ist die Auszählung unter dem Mikroskop mit einer Neubauer-Zählkammer [39]. Durch Anfärben der toten Zellen mit dem sauren Farbstoff- „Trypanblau" [40], der sich an Proteine bindet, kann parallel die Lebendzellzahl gezählt werden. Die Zählung kann auch mittels eines elektronischen Zellzählers erfolgen, der nach dem Widerstandsmessprinzip arbeitet. In dieser Arbeit wurden die Zellen mittels einer Neubauer Zählkammer gezählt.

## 2.4 Mikrofluidische Grundlagen

Eine wichtige Größe im mikrofluidischen System ist die Durchflussrate [µl/min], die sich aus  Fließgeschwindigkeit v [m/s] und dem Kanalquerschnitt d [m$^2$] ergibt. Die Fließgeschwindigkeit ist von der Viskosität und Reibungskraft abhängig. Das Verhältnis zwischen der Trägheitskraft und der viskosen Reibungskraft wird als Reynolds-Zahl Re bezeichnet

---

5 Sobald die gesamte Wachstumsfläche von den kultivierten Zellen bedeckt ist, werden in der Regel die adhärenten Zelllinien nicht mehr weiter beibehalten. Dies führt zum Absterben der Kultur. Deshalb werden die Zellen nach erreichter Maximaldichte verdünnt. Die Zellen werden meist aus dem Monolayer herausgelöst, in Suspension gebracht und nach entsprechender Verdünnung in ein neues Kulturgefäß überführt [38].

(vgl. Gleichung 2.1). Dieses Verhältnis entscheidet, ob eine Strömung laminar oder turbulent ist. Wenn die Reibungskraft vorherrscht, ist die Reynolds-Zahl sehr niedrig und die Strömung ist laminar. Bei hohen Geschwindigkeiten sind die von der Trägheitskraft bestimmten Störungen größer als die Reibungskraft. Die Strömung ist dann instabil oder turbulent [41-43].

$$R_e = \frac{\rho v d}{\eta} \tag{2.1}$$

Dabei ist $v$ die mittlere Strömungsgeschwindigkeit und $d$ der hydraulische Kanalquerschnitt. Die Dichte $\rho$ und die dynamische Viskosität $\eta$ sind konstante Fluideigenschaften [44]. Der Wert der kritischen Reynolds-Zahl $R_e$ = 2300 beschreibt die Grenze zwischen der laminaren und der turbulenten Strömung [41-42]. Da die Reynolds-Zahl in mikrofluidischen Komponenten viel kleiner als die kritische Zahl von 2300 ist, zeigt sich in mikrofluidischen Systemen ein laminares Strömungsverhalten.

Nach [45] ist die Navier-Stokes-Gleichung für eine inkompressible Strömung:

$$\rho\left(\frac{\partial v}{\partial t} + (v \cdot \nabla) \cdot v\right) = k - \nabla \rho + \mu \Delta v \tag{2.2}$$

Dabei gilt die Kontinuitätsgleichung: $v \cdot \nabla = 0$.

Für laminare Strömungen ist die Geschwindigkeitsverteilung wesentlich von den viskosen Kräften abhängig. Für ein Kreisrohr ist sie als Hagen-Poiseuille-Strömung bekannt. Das Geschwindigkeitsprofil einer zweidimensionalen inkompressiblen Strömung zwischen zwei parallelen Platten ist [45]:

$$u(y) = -\frac{H^2}{2v\rho}\frac{dp}{dx}\left(1 - \frac{y^2}{H^2}\right) = u_{max}\left(1 - \frac{y^2}{H^2}\right) \tag{2.3}$$

Dabei ist $v$ die kinematische Viskosität und H der Abstand zwischen zwei Platten. Die Gleichung (2.3) wird auch für die laminare Rohrströmung mit charakteristischem parabolischem Geschwindigkeitsprofil verwendet, wobei dann R für H eingesetzt wird.

## 2.5 Grundlagen zur Impedanz

Die Impedanz Z ist ein bedeutender Parameter für die Charakterisierung von elektronischen Komponenten, Schaltkreisen und Materialien. Der komplexe Widerstand $\underline{Z}$ wird analog zum ohmschen Gesetz für Gleichstrom definiert [46]:

$$\underline{Z} = \frac{\underline{U}}{\underline{I}} \tag{2.4}$$

Da $\underline{Z}$ frequenzabhängig ist, ergibt sich $\underline{Z} = \underline{Z}(\omega)$. Die Frequenz $f$ ist der Kehrwert der Periodendauer $T$. Sie gibt an, wie oft in einer Sekunde eine komplette Schwingung ausgeführt wird.

$$f = \frac{1}{T} \tag{2.5}$$

Bei jedem Umlauf wird der Winkel $2\pi$ zurückgelegt. Wird dieser Winkel mit der Frequenz multipliziert, erhält man den pro Sekunde zurückgelegten Winkel bzw. die Winkelgeschwindigkeit oder Kreisfrequenz $\omega$.

$$\omega = 2\pi f \tag{2.6}$$

Aus der Gleichung (2.4) mit den Bedingungen von (2.5) und (2.6) ergibt sich:

$$
\begin{aligned}
I(\omega) &= I_0 \sin(\omega t) = \mathrm{I}_0\, e^{i\omega t} \\
U(\omega) &= U_0 \sin(\omega t + \varphi) = \mathrm{U}_0\, e^{i\omega t + \varphi}
\end{aligned}
\tag{2.7}
$$

$$Z(\omega) = \frac{I(\omega)}{U(\omega)} = Z_0 e^{i(\varphi)} = Z_0 \cos\varphi - i Z_0 \sin\varphi \tag{2.8}$$

Die Winkelangabe $\varphi$ steht für die Phasenverschiebung zwischen Spannung und Strom. Die Impedanz kann auch als eine komplexe Größe mit Realteil (Widerstand R) und Imaginärteil (Reaktanz X) bzw. Betrag und Phase definiert werden.

$$\underline{Z} = R + iX \tag{2.9}$$

Der Realteil R ist der Anteil der Impedanz, an dem keine Phasenverschiebung auftritt, der Imaginärteil X ist der Anteil, der je nach Vorzeichen von X eine Phasenverschiebung von $\pm\ \pi/2$ bewirkt. Der Wirkwiderstand am ohmschen Widerstand ergibt sich also zu $\underline{Z} = R$. Strom und Spannung sind in Phase.

Beim Blindwiderstand wird zwischen kapazitivem und induktivem Widerstand unterschieden. Der induktive Blindwiderstand ist:

$$X_L = \omega L \tag{2.10}$$

Für den komplexen Widerstandsoperator ergibt sich folglich:

$$\underline{Z} = iX_L = i\omega L \tag{2.11}$$

Die an einer Induktivität anliegende Spannung eilt dem Strom um $\pi/2$ voraus. Der kapazitive Blindwiderstand ist:

$$X_C = -\frac{1}{\omega C} \tag{2.12}$$

Daraus folgt:

$$\underline{Z} = iX_C = \frac{1}{i\omega C} \tag{2.13}$$

Die Spannung an der Kapazität eilt dem Strom um $\pi/2$ nach. Abbildung 2.4 zeigt die Berechnung der Impedanz in Zeigerdiagramm.

$$\varphi = \arctan \frac{iZ_0 \sin(\varphi)}{Z_0 \cos(\varphi)} \tag{2.14}$$

Impedanzbetrag und $\varphi$ sind jeweils zwei voneinander unabhängige Messgrößen [21], die in der Impedanzspektroskopie als Funktion der Frequenz ermittelt werden.

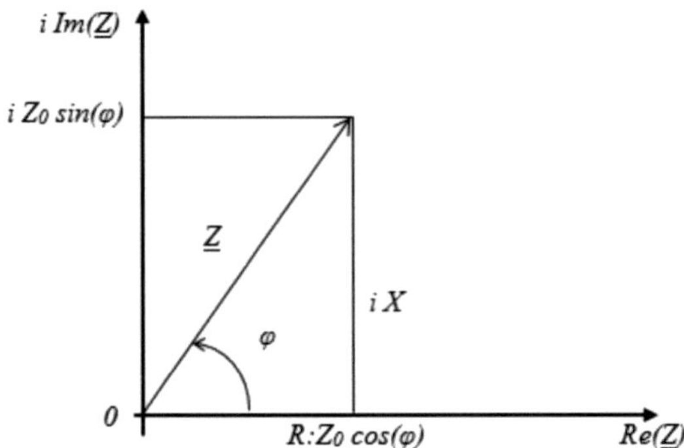



Abbildung 2.4: Darstellung der Impedanz im Zeigerdiagramm. Der Widerstandswert errechnet sich aus den Teilspannungen und dem Strom. Da die Spannungen proportional zu den Widerstandswerten sind, können die Teilspannungen im Spannungsdreieck durch die Widerstandswerte ersetzt werden (verändert nach [46]).

## 2.5.1 Zellbasierte Biosensoren und Impedanzspektroskopie

Die zellbasierten Biosensoren gehören zu einer Untergruppe der biosensorischen Systeme, die das elektrische Antwortverhalten lebender Zellen untersuchen [47], dort die Zellen mit einer sensorischen Komponente oder einer technischen Oberfläche (Filtermembran) verbinden. Bei dieser sensorischen Komponente erzeugt die Reaktion der Zellen auf einen bestimmten Reiz ein messbares elektrisches Signal [21, 48]. Die Impedanzspektroskopie (IS) gestattet es, Informationen über die frequenzabhängigen, passiven elektrischen Eigenschaften anorganischer, organischer und biologischer Materialien zu gewinnen. Die elektrische Messgröße ist die Impedanz, die durch schwache, nicht-invasive elektrische Felder in einem geeigneten Frequenzbereich aufgenommen wird. Das Prinzip der Impedanzspektroskopie beruht darauf, an das zu untersuchende System eine Wechselspannung anzulegen, die in einem breiten Frequenzbereich variiert. Aus der Spannung resultiert ein Wechselstrom gleicher Frequenz. Daraus lässt sich nun die frequenzabhängige Impedanz des Systems berechnen. Für die Impedanzmessungen an Zellen können verschiedene Elektrodenanordnungen gewählt werden. In dieser Arbeit wurde die Methode des „Electric Cell-Substrate Impedance Sensing" (ECIS) verwendet [49-50].

## 2.5.2 Electric Cell-Substrate Impedance Sensing

Das Verfahren Electric Cell-Substrate Impedance Sensing zur Impedanzmessung an zellbedeckten Goldelektroden wurde erstmals 1984 durchgeführt [17]. Dabei wird ein nicht-invasives, markierungsfreies Echtzeit-Monitoring von Zellen in verschiedenen Szenarien ermöglicht [50]. Die adhärierenden Zellen werden auf dünnen, planaren Goldfilm-Elektroden auf der Membran kultiviert (vgl. Abbildung 2.5, Phase I-II). Beim Anlegen einer Wechselspannung entsteht eine leitende Verbindung zwischen den Elektroden, die sich in einer Zellkulturflüssigkeit befinden. Sobald die Zellen an der Oberfläche der Goldelektroden adhärieren, wirken sie wie Isolatorpartikel und hindern den Stromfluss zwischen den Elektroden und durch das umgebende Medium, wodurch eine Zunahme der Impedanz erkennbar wird (vgl. Abbildung 2.5, Phase II). Die Impedanz erreicht nach dem vollständigen Wachstum einen konstanten, zellspezifischen Wert (vgl. Abbildung 2.5 Phase II-III). Bei einem äußeren Stimulus der Zelle, beispielsweise durch Wirkstoffzugabe (vgl. Abbildung 2.5, Phase III a - b) oder Zugabe von Krebszellen (vgl. Abbildung 2.6, Phase III a - c), kommt es zu einer Änderung der Zellform, wodurch sich der Impedanzwert ändert.

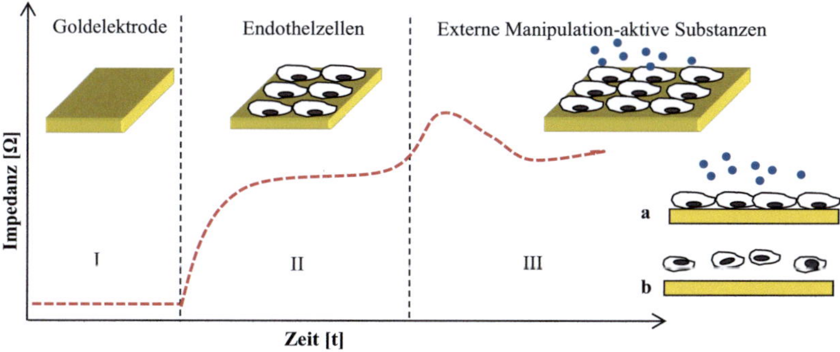


Abbildung 2.5: Zeitlicher Verlauf eines ECIS-Experiments am Beispiel einer Manipulation durch aktive Substanzen. In Phase I generiert die freie Elektrodenoberfläche einen konstanten Impedanzwert. Der Impedanzwert steigt bei der Hinzugabe von Zellen (Phase II) (verändert nach [18, 50]). In Phase III ist eine starke Impedanzschwankung aufgrund der Manipulation der Zellen zu erkennen, (a) Anheftung der Substanz auf dem Zelllayer, (b) Zerstörung der Zell-Zell-Verbindung.

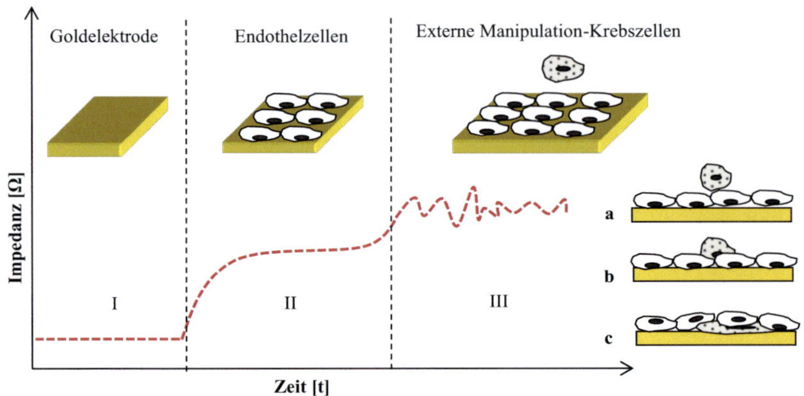



Abbildung 2.6: Zeitlicher Verlauf eines ECIS-Experiments (verändert nach [18, 50]). Änderung der Impedanzwerte bei einer Manipulation durch Tumorzellen aufgrund von Zellformänderungen (Phase III): (a) Anheftung der Tumorzellen auf dem Zelllayer, (b) Die Tumorzellen ändern ihre Geometrie, (c) die Zellverbindung bricht auf und die Tumorzellen dringen durch.

## 2.6 Fertigungstechnische Grundlagen

### 2.6.1 Mikrozerspanung

Fräsen gehört zu den spanabhebenden Fertigungsprozessen. Die Schnittgeschwindigkeit in diesem Prozess wird durch Drehen des Werkzeugs erzeugt, wobei das Werkstück fixiert bleibt. Mikrozerspanung wird heutzutage bei der Erzeugung von Mikrobauteilen vielfältig eingesetzt. Wichtige Aspekte sind die minimal herstellbaren Strukturgrößen und die Auswirkungen des Werkzeugverschleißes. Als Werkzeuge werden zweischneidige Schaftfräser aus Feinstkornhartmetall und Einzahnfräser aus monokristallinem Naturdiamant verwendet. In dieser Arbeit wurde in zwei Fällen die Fräsbearbeitung eingesetzt: Zur Herstellung von Prototypen für Vorversuche und darüber hinaus zur Herstellung der Formeinsätze für den Heißprägeprozess [51-52]. Diese Fräsbearbeitung hat im Vergleich zu anderen Mikrofertigungsverfahren wie z.B. dem LIGA-Verfahren, der Siliziumtechnik und dem Mikroerodieren folgende Vorteile:

- Schnelligkeit durch hohes Zerspanungsvolumen und Komplettbearbeitung,

- hohe Formenvielfalt,

- hohe Flexibilität durch Strukturierungsmöglichkeit,

- Vielfalt bearbeitbarer Werkstoffe.

## 2.6.2 Heißprägeprozess

Das Heißprägen ist ein Verfahren zur Replikation von Strukturen in Kunststoff mit Abmessungen im Mikrobereich. Im Vergleich zu anderen Verfahren wie z.B. Spritzgießen sind die Fixkosten beim Heißprägen sehr niedrig, allerdings dauern die Herstellungsschritte länger. Der Prozess findet unter Vakuum statt und wird nach [53] in drei Hauptschritten durchgeführt (vgl. Abbildung 2.7).

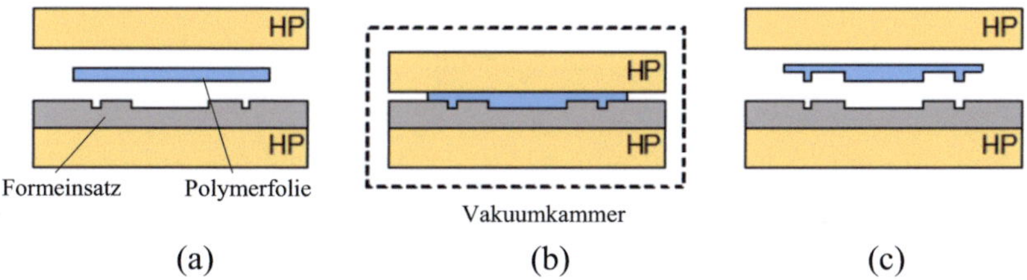


Abbildung 2.7: Schematischer Ablauf des Heißprägeprozesses, HP: Heizplatten. (a) Positionierung einer Polymerfolie in der Maschine und Vorwärmung, (b) Aufbringen der Prägekraft auf die erweichte Polymerfolie, (c) Abkühlen auf Entformungstemperatur und Entformen der heißgeprägten Folie.

Im Einzelnen werden folgende Verfahrensschritte vorgenommen:

1. Zu Beginn wird die Polymerfolie positioniert, die Vakuumkammer geschlossen und evakuiert (a).

2. Es wird die sogenannte Antastkraft oder Touch Force angelegt (a-b).

3. Im nächsten Schritt (Aufwärmphase) wird die Polymerfolie bis über die Glasübergangstemperatur $T_g$ ($\Delta T$ zwischen 0 K und 30 K) für amorphe Polymere aufgeheizt (b).

4. Bei der Umformung wird die Presse soweit zugefahren, dass die voreinge-stellte Prägekraft erreicht wird. Während der Haltezeit werden Prägekraft und Temperatur konstant gehalten. Bei diesem Schritt erfolgt die komplette Befüllung der Kavitäten (b).

5. Im vorletzten Schritt wird die Folie auf eine Temperatur unterhalb der Glasübergangstemperatur des Polymers abgekühlt (b).

6. Die geprägte Polymerfolie wird entformt (c).


### 2.6.3 Thermisches Bonden

Beim thermischen Bonden von flächigen Kunststoffteilen unter Druck und Temperatur werden die Kontaktflächen der Materialien zum lokalen Auf-schmelzen gebracht, sodass schließlich eine stoffschlüssige Verbindung entsteht. Wesentliche Prozessparameter sind Temperatur, Druckkraft und Fü-gezeit. Während zwei Kunststoffteile zusammengepresst werden, wird beim Prozess entweder eines oder beide Substrate auf eine Temperatur knapp unterhalb der Glasübergangstemperatur ($\Delta T$ zwischen 0 K und 10 K) erhitzt [54-55], um die plastische Verformung zu verringern und das Aufschmelzen der Polymerstrukturen zu vermeiden. Es werden nur Kunststoffe verwendet, die ähnliche Glasübergangstemperaturen besitzen und ein ähnliches Viskositätsverhalten in der Schmelze aufweisen. Nur so kann eine stoffschlüssige Verbindung entstehen. Die Beschaffenheit und Eigenschaften der Polymere können trotz gleicher Herstellung teilweise stark variieren, so-dass für jedes Polymer die geeigneten Parameter für den Bondprozess ermit-telt werden müssen. Im Abschnitt 3.9 wird ausführlicher über den Bondprozess und die Parameter berichtet.


### 2.6.4 Klebeverfahren

Klebeverfahren gehören zu den traditionellen Verbindungstechniken und auf-grund der Zusatzschicht zu den indirekten Verbindungstechniken. Es gibt ein- und zweikomponentige Klebstoffsysteme, wobei die einkomponentigen Klebstoffe alle Bestandteile zur Aushärtung beinhalten und die zweikomponentigen Klebstoffe kurz vor der Verwendung zusammengemischt werden müssen. Der Klebstoff kann auf unterschiedliche Art und Weise aufgetragen werden, u. a. durch Siebdruck, durch Stempeln und durch Eintauchen der Werkstoffe in den Klebstoff. Ein bekanntes Klebeverfahren ist das Kapillarkleben. Hierbei wird ein Tropfen Klebstoff mithilfe der Kapillarkräfte an seinen Bestimmungsort transportiert. Ein Nachteil ist dabei die aufwendige optische Kontrolle der Klebstofffront. Ein weiterer Nachteil ist die Strecke, die der Kleber aufgrund der Kapillarkräfte überwinden muss. Die Klebeverbindung kann durch die Verdunstung eines Lösemittels, die Bestrahlung mit UV-Licht, Wärme oder Druck zustande kommen. In dieser Arbeit wird mit UV-Klebstoffen gearbeitet. Beim UV-Kleben härten Klebstoffe bei ultraviolettem Licht aus. Dies bietet den Vorteil, dass unter normaler Beleuchtung eine Justierung der Fügeteile über einen längeren Zeitraum sowie notwendige Korrekturen möglich sind. Die Klebstoffe härten danach unter UV-Licht in kürzester Zeit, je nach Dicke des Teils zwischen 5 und 10 Sekunden, aus. Für eine schnelle und durchgängige Aushärtung sind jedoch relativ große Lichtmengen erforderlich. Dies kann zu einer unerwünschten Erwärmung der Fügeteile führen [56].

## 2.6.5 Lithographie

Lithographie ist ein kostengünstiges Massenfertigungsverfahren zur Erzeugung von Mikrostrukturen auf Substraten [56]. Ein Vorteil dieses Verfahrens ist die hohe Genauigkeit der Mikrostrukturen bei kurzer Prozesszeit und hoher Produktivität. Die Lithographie stellt inzwischen einen Basisprozess für fast alle mikrotechnologischen Fertigungsverfahren dar. Die gewünschte Strukturinformation wird zunächst durch eine Strukturvorlage (Maske) auf die auf das Substrat aufgebrachte lichtempfindliche Resistschicht übertragen. Nach Art der Prozessführung und der chemischen Prozesse im Resist wird unterschieden zwischen:

**Positivresist**

Die Löslichkeit steigt durch das Belichten. Bei der Belichtung werden Bindungsketten des Resists aufgebrochen, welche dann beim Entwickeln entfernt werden.

**Negativresist**

Die Belichtung führt zur Vernetzung der Resist-Moleküle, wodurch die Löslichkeit sinkt. Bei der Entwicklung werden die unbelichteten Bereiche entfernt.

Nach der Entwicklung des Resists kann das Substrat durch chemischen oder physikalischen Abtrag strukturiert werden. Der Resist ist dabei gegenüber dem Ätzprozess widerstandsfähig, d. h. es werden die unbedeckten Bereiche abgetragen, während die restlichen Bereiche durch den Resist vor dem Abtrag geschützt sind. In einem weiteren Schritt wird der verbliebene Resist schließlich durch chemische oder trockene Verfahren entfernt. Dieser Prozess lässt sich, sofern es die Topographie zulässt, wiederholen, sodass weitere Beschichtungs- und Lithogaphieschritte durchgeführt werden können.

## 2.6.6 Ätzen

Das Ätzen ist ein schichtabtragendes Verfahren durch chemisch aktive Teilchen oder Teilchen hoher Energie und stellt einen der wichtigsten Herstellungsprozesse in der Mikrosystemtechnik dar. Beim Ätzen ist äußerst wichtig, möglichst wenig Grundmaterial abzutragen und dabei dennoch senkrechte Wände sowie ebene Böden zu erzeugen. Zugleich soll es selektiv sein und auch ein Angreifen benachbarter Strukturen vermeiden.

Wichtige Parameter beim Ätzen sind [56]:

- die Selektivität,

- die Ätzrate,

- isotropes und anisotropes Ätzen,

- nasschemisches und trockenes Ätzen.

Beim nasschemischen isotropen Ätzen kommt es zu einer runden Unterätzung [56].

## 2.7 Messtechnische Methoden

### 2.7.1 Rasterelektronenmikroskopie

Beim Rasterelektronenmikroskop besteht die Möglichkeit, mittels eines Elektronenstrahls, der sehr fein gebündelt wird, eine Oberfläche abzutasten. Dabei kann eine bis zu $10^5$-fache Vergrößerung im Vergleich zur Lichtmikroskopie (maximal ca. 1000-fach) erzielt werden. Die Auflösung liegt im Bereich großer Moleküle bei einigen nm. Bei der Rasterelektronenmikroskopie müssen nichtleitende Proben (Polymere und biologische Objekte) durch Aufdampfen eines Metallfilmes (meist Gold) speziell vorbereitet werden, um eine leitende Oberfläche zu generieren. Der Prozess findet im Hochvakuum statt, um Wechselwirkungen mit Atomen und Molekülen aus der Luft zu vermeiden [56-58].

### 2.7.2 Profilometer DekTak

Mit diesem Gerät ist es u. a. möglich, die Oberflächenrauhigkeit und -welligkeit zu bestimmen. Die zu vermessende Probe wird elektromechanisch unter einer Diamantspitze geführt. Der Präzisionsprobenhalter mit der Probe bewegt sich gemäß der vorgegebenen Parameter wie Messstrecke, Geschwindigkeit und Andruckkraft der Messspritze. Während dieser Zeit werden die Änderungen der Oberflächentopographie durch die Diamantspitze aufgezeichnet und in eine Vertikalbewegung übersetzt. Dabei entstehen, in Abhängigkeit von der vertikalen Bewegung der Diamantspitze, proportionale elektrische Signale, die in ein digitales Signal umgewandelt werden [59]. Abbildung 2.8 zeigt die schematische Darstellung des Messprozesses.

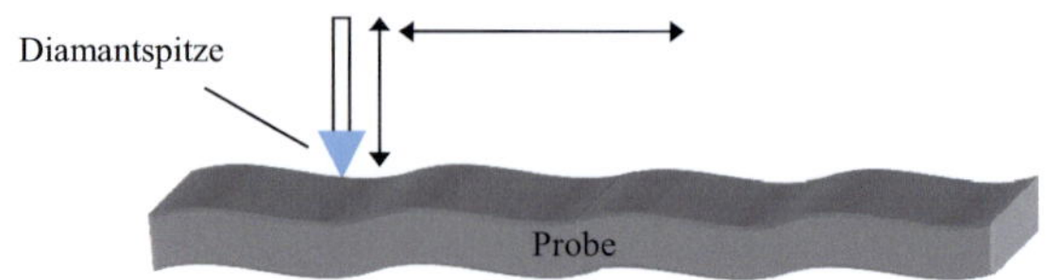

Abbildung 2.8: Funktionsweise des Profilometers DekTak. Die waagerechten und senkrechten Pfeile zeigen die Richtung der Prozessbewegungen (verändert nach [59]).

### 2.7.3 Laser-Scanning-Mikroskopie

Bei einem Laser-Scanning-Mikroskop werden die Proben durch einen fokussierten Laserstrahl abgetastet. Mit einem beweglichen Spiegelsystem wird der Laser Zeile für Zeile über die Probe geführt. Das Fluoreszenzlicht wird von einem Detektor aufgefangen und an einen Computer weitergeleitet [60]. Der Vorteil der konfokalen Lichtmikroskopie ist die Möglichkeit, das von einer Probe reflektierte oder emittierte Licht aus einer einzigen Ebene zu sammeln. Abbildung 2.9 zeigt die vereinfachte Darstellung der Laser-Scanning-Mikroskopie.

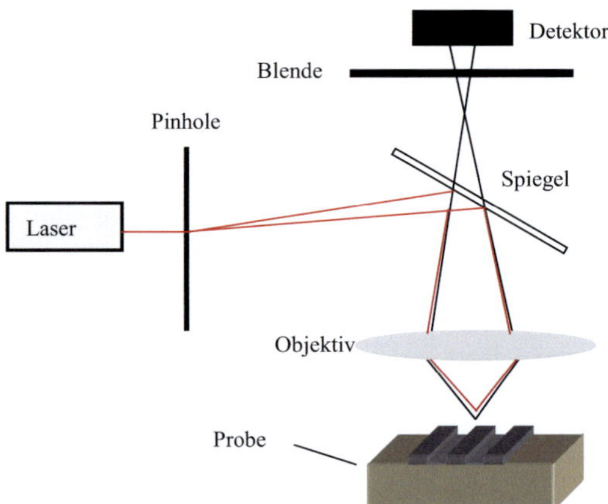

Abbildung 2.9: Funktionsweise eines Laser-Scanning-Mikroskops (verändert nach [60]). Ein Laser Scanning-Mikroskop besteht aus einem Laser, einer konfokalen Anregungslochblende, einem Scan-Spiegel, einem Objektiv, einer konfokalen Detektionslochblende und einem Detektor. Eine Lochblende, die zur Fokusebene konjugiert (konfokal) angeordnet ist, sorgt dafür, dass sämtliches Licht, das nicht aus dieser Ebene stammt, auch nicht vom Detektor erfasst werden kann.

# 3 Entwicklung eines mikrofluidischen Zweikammer-Chip mit integrierter Messsensorik

Wichtig beim Aufbau des mikrofluidischen Chips ist die Nachahmung der kleinen Blutgefäße zur Erforschung der Transmigration. Im Bereich der kleinsten Gefäße (Kapillaren) des menschlichen Körpers mit Durchmessern < 10 µm findet der Stoffaustausch statt. Nährstoffe werden dem Gewebe zugeführt und die Abfallstoffe wieder abtransportiert. Im Bereich der kleinsten Gefäße mit Durchmessern < 100 µm finden die meisten untersuchungsrelevanten Vorgänge statt. Dies betrifft insbesondere die Wechselwirkung von im Blutstrom befindlichen Zellen mit den gefäßauskleidenden Zellen wie bei Metastasierung Erst ein geeignetes Konzept, Auswahl geeigneter Materialen und Fertigungstechnologien ermöglichen die physikalisch und medizinisch adäquate Nachstellung des Metastasierungsprozesses unter Flussbedingungen und deren optischen sowie elektronischen Detektion.

## 3.1 Idee, Konzept und Design

Der mikrofluidische Chip soll aus zwei Ebenen bestehen, die durch eine Membran getrennt sind. Die erste Ebene repräsentiert das Lumen des Blutgefäßes und lässt sich mit Medien oder auch Vollblut mit definierter Scherrate[6] durchströmen. Die Membran simuliert die Basalmembran der Blutgefäßwand und kann mit Zellen der Blutgefäßwand (Endothelzellen) besät werden. Die zweite horizontale Ebene bildet den Gewebeumgebungsbereich des simulierten Blutgefäßes und wird mit gewebeähnlichen Komponenten gefüllt. Die Größe sowie das Abmaß des Chips und die Strukturen der Kanäle sollten so angepasst werden, dass die Medien möglichst gleichzeitig laminar durch mehrere Kanäle hindurchströmen, um so eine bessere und effektivere Untersuchung zu ermöglichen. Ein Chip mit zwei Kanalsystemen, die unabhängig voneinander analysiert werden können, ist vorteilhaft. Ein weiterer wichtiger

---

[6] Scherrate: Beim Blut ist die Änderung der Zähigkeit abhängig von der Scherrate. Je höher die Scherrate ist, desto geringer ist die Zähigkeit. Dieser Effekt, der auch bei Ketchup, Zahnpasta und der Gelenkflüssigkeit bekannt ist, wird auch als „nicht Newtonsches" Verhalten bezeichnet. Die Scherraten schildern in der Fluiddynamik die örtliche Veränderung der Flussgeschwindigkeit. Dies wird in der Rheologie als Parameter zur Viskositätsfunktion verwendet, welche der Proportionalitätskoeffizient zwischen Schubspannung und Scherrate ist [61-63].

Punkt in der Konzept- und Designphase ist die Berücksichtigung der Herstellbarkeit und der Montage. Die physikalisch-fluidischen Bedingungen werden durch niedrige Reynoldszahlen bestimmt, die aus dem Verhältnis zwischen Trägheit und Viskosität bestimmt werden. Für den relevanten Bereich der Zell-Endothel-Interaktion, also bei Gefäßdurchmessern von 5 bis 200 µm, sind die Trägheitseffekte vernachlässigbar, da die Reibungskräfte dort dominieren.

Basierend auf den medizinischen und technischen Anforderungen wurde folgendes Design für einen mikrofluischen Chip entworfen [27].

Dieser mikrofluidische Chip ist aus zwei Gehäuseteilen aufgebaut, dem oberen Blutgefäßkanal und dem unteren Gewebekanal [64] (vgl. Abbildung 3.1):

- Der „Blutgefäßkanal" besteht aus zwei Systemen mit je drei mikrostrukturierten Kanälen, die eine Breite von 300 µm bzw. eine Länge von 30 mm haben. Die Kanäle werden von Medien durchflossen und haben jeweils einen gemeinsamen Ein- und Auslassbereich. Die Systeme unterscheiden sich in der Höhe (100 µm bzw. 50 µm) und können unabhängig voneinander befüllt werden. Die Materialstärke des Teils beträgt 600 µm.

- Der „Gewebekanal" besteht aus zwei großen Kanälen mit je 2,9 mm Breite, 54 mm Länge und 100 µm Höhe, die später mit Matrixkomponeten befüllt werden, in denen sich die Tumorzellen nach einer erfolgreichen Extravasation und Passieren der Membran sammeln sollen. Die Materialstärke des Teils beträgt 200 µm.

In dieser Arbeit wurde der mikrofluidische Chip weiter entwickelt. Dabei wurde mehr auf die Stabilität des fertigen Chips für mikroskopische Untersuchungen und auf die Herstellungsschritte Wert gelegt. Zum einen wurde das Grundformat des Chips geändert, da im Bereich der Life-Sciences häufig das sogenannten „Objektträger-Format" von 75 x 25 mm$^2$ verwendet wird (vgl. Abbildung 3.1). Zum anderen wurde die Höhe der Bauteile aufgrund der besseren Steifigkeit und des guten Widerstands gegen Verbiegungen erhöht.

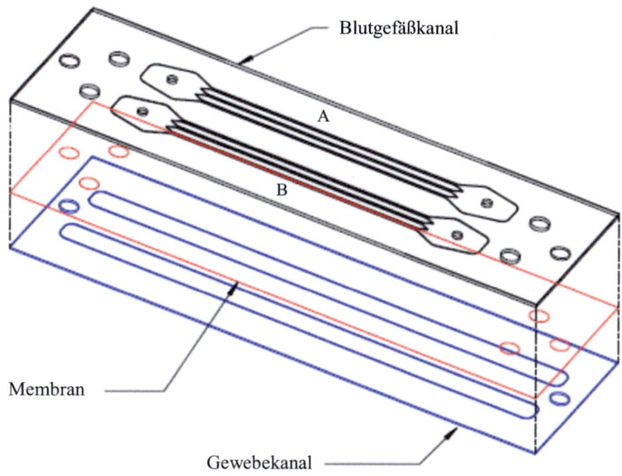



Abbildung 3.1: Optimierter mikrofluidischer Zweikammer-Chip auf „Objektträger-Format" von 75 x 25 mm$^2$ [64].

Zur weiteren Optimierung, bzw. zur Erweiterung der Forschungsmöglichkeiten mit dem entwickelten mikrofluidischen Chipsystem, wurden in den Gewebekanälen zusätzliche Einströmkanäle, sogenannten „Chemotaxiskanäle", implementiert (vgl. Abbildung 3.2), um das Verhalten von Substanzen wie Chemokinen zu untersuchen.

Abbildung 3.2: Darstellung des Gewebekanals des mikrofluidischen Systems mit zusätzlichen Chemotaxiskanälen.

## 3.2 Materialauswahl zur Herstellung der mikrofluidischen Chipteile

In diesem Abschnitt wird über die Werkstoffe berichtet, die zur Herstellung der mikrofluidischen Chipkomponenten und der Membranfertigung, zur

Auswahl stehen. Wie schon in Kapitel 1 erwähnt wurde, werden die mikrofluidischen Chipteile heutzutage meistens aus Quarzglas und Polydimethylsiloxan (PDMS) hergestellt. Glas ist transparent und für die Anwendung der optischen Detektion sehr gut geeignet. Von Nachteil ist die teure Herstellungs- und Verbindungstechnik. Mit PDMS können sehr schnell und präzis Kanalstrukturen hergestellt und rasch Experimente durchgeführt werden. Allerdings ist PDMS für Langzeitexperimente nicht geeignet [6].

Es gibt eine Reihe von wichtigen Anforderungen wie:

- geringer Materialpreis,
- einfache Handhabung,
- sehr gute Biokompatibilitätseigenschaften.

Diese führten dazu, dass die Wahl auf folgende Polymere fiel:

- Polycarbonat (PC)
- Cycloolefin-Copolymer (COC)
- Polystyrol (PS)

Diese Polymere stellen gute Alternativen zu dem oben genannten PDMS dar. Wichtige Eigenschaften und Merkmale der Polymere sind:

- hohe Transparenz (für optische Messungen),
- Biokompatibilität (kein negativer Einfluss auf die Zellen oder das Gewebe),
- keine Autofluoreszenz (Verfälschung der Beobachtung)

Im Folgenden werden die im Rahmen dieser Arbeit ausgewählten Polymere kurz beschrieben.


### 3.2.1 Cycloolefin-Copolymer (COC)

Cycloolefin-Copolymer gehört zu der Gruppe der Polymere, die im Life-Sciences-Bereich heutzutage immer mehr an Bedeutung gewinnen [65]. Eine Besonderheit des COC ist, dass es nicht nur $CH_2$-Gruppen in der Hauptkette enthält, sondern auch heterocyclische Seitengruppen (vgl. Abbildung 3.3). COC gehört zur Gruppe der amorphen Thermoplaste. Diese Polymere bilden sich aus Ethylen, Norbornen und Tetracyclododecen und sind unpolar und transparent [66-67]. Der Handelsname dieses Polymers lautet Topas[7] [67-68]. Topas besitzt folgende Eigenschaften [65-66]:

- Wärmeformbeständigkeit von 75 °C bis zu 170 °C,
- gute optische und elektrische Isolationseigenschaften,
- schwache Durchlässigkeit von Wasserdampf und Wasser,
- niedrige Dichte von 1,02 g/cm$^3$,
- sehr gute Blutverträglichkeit und hervorragende Biokompatibilität.

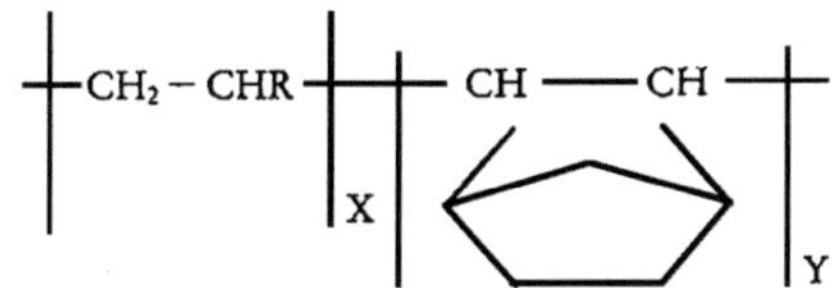

Abbildung 3.3: Strukturformel von Cycloolefin-Copolymer (COC) [65].

Wichtige Anwendungen von COC sind u. a. im Bereich der Lichtleiter, der Herstellung von Linsen und Sensoren, Folien für Flachbildschirme, medizinische Produkte wie Ampullen, Spritzen, Diagnoseschläuche und in der Labortechnik sowie in der Diagnostik.


### 3.2.2 Polycarbonat (PC)

Polycarbonat wurde seit dem Jahr 1956 von Bayer unter dem Namen Makrolon® und seit dem Jahr 1973 von General Electric als Lexan® industriell hergestellt [37]. Polycarbonate sind lineare, thermoplastische Polyester der Kohlensäure mit aliphatischen oder aromatischen Dihydroxy-Verbindungen (vgl. Abbildung 3.4). Die Basis der Polycarbonate besteht aus Bisphenol A, das aus Phenol und Aceton hergestellt wird. Polycarbonat besitzt folgende Eigenschaften [65-66]:

- Dichte: 1,20 g/cm$^3$,
- Transparenz,
- hoher Oberflächenglanz,

---

[7] Thermoplastic olefin polymers of amorphous structure (Topas).

- hohe Festigkeit, Steifigkeit, Härte und Zähigkeit,
- gute elektrische Isoliereigenschaften sogar bei Feuchtigkeitseinwirkung,
- sehr gute biologische Verträglichkeit und Eignung für den Kontakt mit Lebensmitteln.

In dieser Arbeit wurde PC-Folie (Makrofol DE 1-1, [69]) von Bayer verwendet. Die Notierung 1-1 steht für beidseitig hochglänzend. Ein Anwendungsbereich von Polycarbonat findet sich u. a. in der Medizin in Form von Behältnissen, Schläuchen und als Komponenten für Dialysegeräte [37].

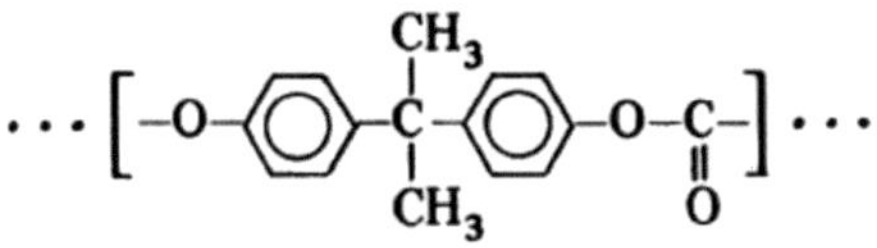

Abbildung 3.4: Strukturformel von Polycarbonat (PC) [65].

### 3.2.3 Polystyrol (PS)

Polystyrol gehört zur Familie des Polyvinylbenzols. Das Monomer Styrol ist der Rohstoff für PS (vgl. Abbildung 3.5). PS ist ein steifer und transparenter thermoplastischer Kunststoff. Standard-Polystyrol wird in der Regel aufgrund seiner begrenzten Schlagzähigkeit mit einer Kautschuk-Komponente so zäh modifiziert, dass als Resultat ein schlagfestes PS entsteht. Der Benzolring führt zu einem sperrigen Aufbau der Makromoleküle, welcher Steifheit und Sprödigkeit des Werkstoffs verursacht [65-66]. PS kommt in vielen Bereichen des täglichen Lebens zum Einsatz. Einige Eigenschaften von Polystyrol sind:

- Transparenz,
- sehr gute elektrische und dielektrische Eigenschaften,
- geringe Wasseraufnahme,
- sehr gute Oberfläche und hohe Maßbeständigkeit,
- sehr gute Verarbeitbarkeit und begrenzte Chemikalienbeständigkeit gegen organische Produkte,
- Biokompatibilität.

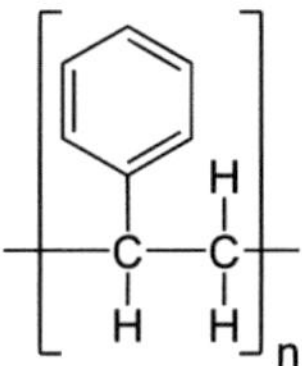

Abbildung 3.5: Strukturformel von Polystyrol (PS) [65].

Wichtige Einsatzgebiete dieser Kunststoffe finden sich beispielsweise in Lebensmittelverpackungen (z.B. Verpackungen von Molkereiprodukten, Einweggeschirr), Gehäusen für technische Geräte und Spielwaren. Polystyrol eignet sich besonders gut zur Sterilisation mithilfe von $\gamma$-Strahlen, da es gegen diese Strahlenart sehr beständig ist. Aus diesem Grund ist PS im Medizinbereich der mit Abstand wichtigste Verpackungskunststoff.

### 3.2.4 Ergebnis der Materialuntersuchung

Auf der Suche nach einem geeigneten Polymermaterial wurden in einer vorherigen Arbeit [27] verschiedene Polymerproben (Polycarbonat, COC und PS) auf Autofluoreszenz und Biokompatibilität (Zellverträglichkeit) getestet. Um die Endothelzelladhäsion zu untersuchen, wurden zunächst die Polymerfolien bei 110 °C für 15 min autoklaviert. Anschließend wurden die Endothelzellen, gelöst in zwei speziellen Zellmedien, zugesetzt. Die Medien (EGM2[8] und M199[9]) enthalten die wichtigsten Komponenten für die Zellernährung. Nach Bewertung aller untersuchten Punkte wurde aufgrund des sehr dichten Zellwachstums entschieden, Polycarbonat zur Herstellung der mikrofluidischen Chips und der Membran weiter zu verwenden [70-71].

---

[8] EGM2: Basalmedium mit FCS 0,05 mL/mL, Endothelial Cell Growth Supplement 4 µL/mL, Epidermal Growth Factor 10 ng/mL, Heparin 90 µg/mL und Hydrocortisone 1 µg/mL.
[9] M199: Earle's salts, L-glutamin, sodium bicarbonat, 10 % FCS, 1 % Heparin, 1 % Penicellin/Streptomycin, 1 % cattle eyes growth factor.

## 3.3 Prototypische Fertigung erster Chipteile mittels Mikrozerspanung

In einer vorherigen Arbeit [27] wurde die erste Serie von Chipteilen der mikrofluidischen Chips bei der Firma I-SYS Mikro- und Feinwerktechnik GmbH in Karlsruhe angefertigt. Dabei wurde ein zylindrischer Hartmetall-Fräser benutzt. Das obere Chipteil wurde mit einem einschneidigen Diamantwerkzeug mit einem Durchmesser von 300 µm, mit einer Drehzahl von 18.000 min$^{-1}$ und einem Vorschub von 180 mm/min gefräst. Der untere Teil des Chips wurde mit einem 500 µm durchmessenden einschneidigen Diamantwerkzeug, bei gleicher Drehzahl und gleichem Vorschub, gefräst. Um die Qualität der Fräsbearbeitung zu prüfen, wurden REM-Aufnahmen der gefrästen Strukturen gemacht. Abbildung 3.6 zeigt Aufnahmen des Kanaleingangs im Chipsystem.

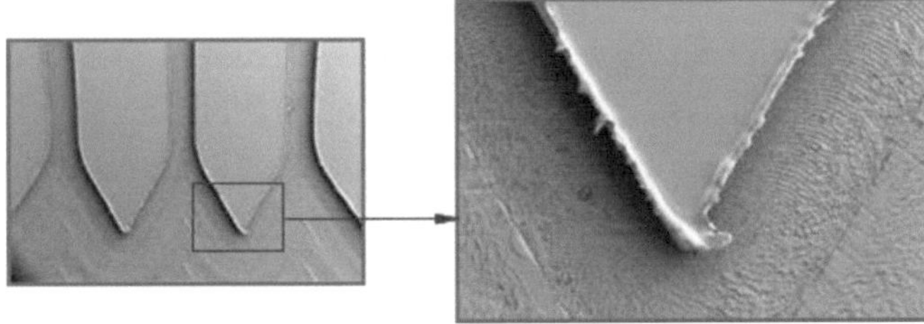

Abbildung 3.6: REM-Aufnahmen der Kanalstrukturen. Links: ca. 30-fache Vergrößerung. Rechts: ca. 100-fache Vergrößerung mit schrägem Winkel. Deutlich erkennbar ist bei dieser Darstellung die Entstehung von Graten.

Trotz der schon erwähnten Vorteile (vgl. Abschnitt 2.5.1) kann die Fräsbearbeitung zur Entstehung von Graten und einer hohen Rauhigkeit der Oberfläche führen. Da die Schnittkräfte während einer Umdrehung des Werkzeugs nicht konstant sind, führt dies zu verhältnismäßig starken Schwingungen und somit zu einer schlechten Qualität der erzeugten Form. Außerdem stehen die Schneiden nicht ständig in Kontakt mit dem Werkstoff, da die Schnittbewegung durch das Drehen des Werkzeugs erfolgt. Dies verursacht einen Schnitt. Solche Probleme sind beim Chipsystem nicht gewünscht. Es ist bekannt, dass sich Graten bei der Fräsbearbeitung kaum vermeiden lassen [72]. Um diese Mängel zu vermeiden, wurden bei der zweiten Serie (verwendet in dieser Arbeit) die Prozessparameter Drehzahl und Vorschub geändert. Außerdem wurden neue Diamantwerkzeuge verwendet. Damit konnte an vielen Stellen die Entstehung von Graten reduziert werden (vgl. Abbildung 3.7).

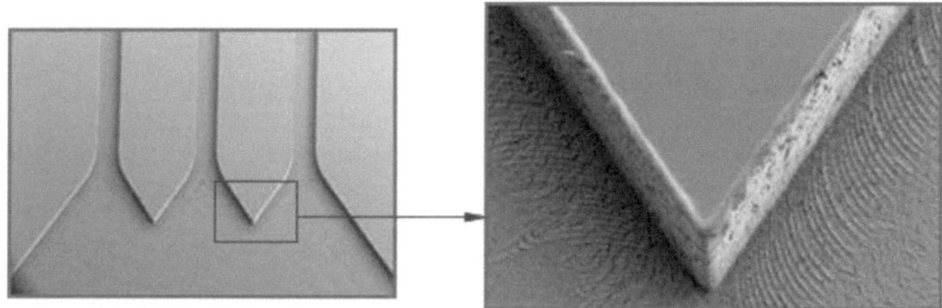

Abbildung 3.7: REM-Aufnahmen nach der Verbesserung des Fräsprozesses. Links: 23-fache Vergrößerung. Rechts: 250-fache Vergrößerung.

## 3.4 Herstellung der mikrofluidischen Chipteile durch Heißprägen

Um die Chipteile durch Heißprägen herzustellen, muss ein Formeinsatz angefertigt werden, welcher durch folgende Anforderungen an Form und Oberfläche charakterisiert wird:

- gute Ebenheit, keine Durchbiegung oder Verzug,
- hohe Festigkeit des Materials bei ausreichender Duktilität,
- gute Wärmeleitfähigkeit,
- geringe Oberflächenrauheit,
- geringe Adhäsion und Reibung gegenüber den umzuformenden Werkstoffen,
- saubere, chemisch reaktionsarme Oberfläche.

Der Formeinsatz kann durch unterschiedliche Techniken wie z.B. durch das LIGA-Verfahren (galvanische Abscheidung aus Nickel), Mikrozerspanung oder Erodieren hergestellt werden. Die Fertigung eines Formeinsatzes mit dem LIGA-Verfahren ist sehr zeitaufwendig und teuer. Das am häufigsten verwendete Material zur galvanischen Umformung nach dem LIGA-

Verfahren ist Nickel [37]. Es wird aufgrund seiner Unverträglichkeiten ungern für medizinische Anwendungen benutzt. Demzufolge werden die Formeinsätze in dieser Arbeit durch Mikrozerspanung hergestellt.

### 3.4.1 Materialauswahl für den Formeinsatz

Die Forderungen nach Festigkeit und Wärmeleitfähigkeit bei gleichzeitiger Duktilität und chemischer Reaktionsarmut wird durch Auswahl von hochwertigen Metallen wie Stahl, Messing und Aluminium ermöglicht.

**Stahl:** Um die kleinen Kanäle zu fräsen, können Werkzeuge sowohl aus monokristallinem Diamant als auch aus Polykristallinem Diamant (PKD) verwendet werden. PKD ist gekennzeichnet durch extrem harte Diamantpartikel, die in Zufallsorientierung in einer Metallmatrix angeordnet sind. Der Werkstoff kommt durch Sintern von ausgewählten Diamantpartikeln bei hohem Druck und hohen Temperaturen zustande. Durch Diffusionseffekte bei steigenden Temperaturen wird der Kohlenstoff bei Bearbeitung von Stahl aus den Diamantwerkzeugen herausgelöst und verkürzt dadurch die Standzeiten der Werkzeuge. Die hohe Affinität des Eisens zum Kohlenstoff des Diamanten führt dazu, dass Stahl nur in seltenen Fällen mit Diamant bearbeitet wird [72-73]. Durch den hohen Verschleiß wäre die Verwendung von PKD nicht wirtschaftlich, daher wurde Stahl nicht als Werkstoff für die Formeinsätze berücksichtigt.

**Aluminium:** Nach [74] kann bei der Herstellung des Formeinsatzes unter Verwendung von Aluminium ein fast mangelfreies Resultat erzielt werden. Allerdings lagen die Ergebnisse der

Untersuchung bei der Entscheidung, welches Formeinsatzmaterial für diese Arbeit verwendet werden soll, noch nicht vor.

**Messing:** Für diese Arbeit wurde zuerst Messing mit der alten Bezeichnung „MS58" (neue Bezeichnung: CuZn39Pb3) verwendet. Nach Informationen des Deutschen Kupferinstituts [75] wird Messing MS58 in Deutschland für die Zerspanung häufig angewendet. MS58 lässt sich sehr gut warmumformen.

Es besteht zu 57 bis 59 % aus Kupfer (Cu), zu 2,5 bis 3,5 % aus Blei (Pb) und zu den restlichen Teilen aus Zink (Zn), Nickel (Ni) und Eisen (Fe).

### 3.4.2 Formeinsatz aus Messing MS58

Zwei Formeinsätze wurden bei der Firma I-SYS mittels Frästechnik gefertigt. Der Grund für die Verwendung von zwei Formeinsätzen ist die unterschiedliche Chipteildicke (oberes Chipteil 600 µm und unteres Chipteil 200 µm). Mittels REM und lasermikroskopischen Untersuchungen konnte festgestellt werden, dass bei der Herstellung der Formeinsätze durch Fräsen verschiedene Probleme auftraten. Bei der Bearbeitung der Formplatten wird die Struktur zunächst mit einem gröberen Werkzeug bzw. Hartmetallwerkzeug vorgefräst, bevor die letzten 20 µm mithilfe von kleinen Diamantwerkzeugen auf Endmaß gebracht werden. Diese Endbearbeitung betrifft nicht nur die Tiefe, sondern auch die Konturen. Beim ersten Formplattenpaar hatte sich vor der Endbearbeitung eine laterale Verschiebung der Frässpindel ergeben, sodass bei den Einfräsungen auf einer Seite eine zusätzliche ca. 10 bis 20 µm breite und ca. 20 µm hohe Stufe entstand. Außerdem gab es bei den Strukturen für die Blutkapillarkanäle das Problem, dass die innere Kontur mit einem Diamantwerkzeug mit 150 µm Durchmesser abgefahren werden muss, um einen möglichst kleinen Kurvenradius im Bereich der Einläufe der drei kleinen Kanäle zu erreichen. Der dazu nötige Werkzeugwechsel führt zu einer kleinen Abweichung in der Frästiefe, welche hier in einer ca. 3 µm hohen und etwa 35 µm breiten Stufe resultiert (vgl. Abbildung 3.8). Das gravierende Problem besteht darin, dass bei der Herstellung der Formplatten mit Messing MS58 ungewöhnlich viele Poren entstehen. Ein hoher Anteil an Bleiabscheidungen an den Korngrenzen führt zur Entstehung der Poren. Diese führen beim Heißprägen zu sehr hohen Entformkräften [74].

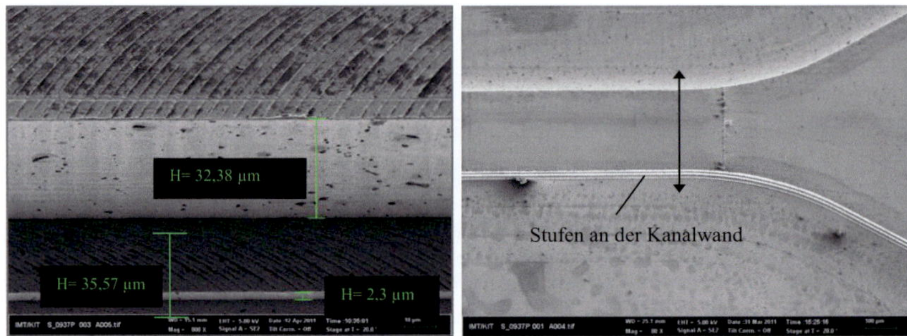



Abbildung 3.8: REM-Aufnahmen eines Kanals im oberen Chipteil. Links: Der Werkzeug-wechsel führt zu einer kleinen Abweichung in der Frästiefe, wodurch Stufen entstehen. Die hier dargestellte Stufe hat eine Breite von 35 µm und eine Höhe von ca. 3 µm. Rechts: Darstellung des Kanals aus einer anderen Blickrichtung. Der Pfeil zeigt den durch Laser-mikroskopie gescannten Bereich (vgl. Abbildung 3.9).

Die Formeinsätze wurden mithilfe der Lasermikroskopie (Firma Keyence) auf die festgestellten Probleme hin untersucht. Mittels dieser Messtechnik wurden die Abmaße, insbesondere die Entstehung von Stufen, analysiert. Dadurch lassen sich rasche und exakte Qualitätskontrollen von Profilen auf den Form-einsätzen durchführen. Abbildung 3.9 veranschaulicht den gescannten Bereich und das Resultat der vermessenen Stufen im Bereich der Kanalwand.

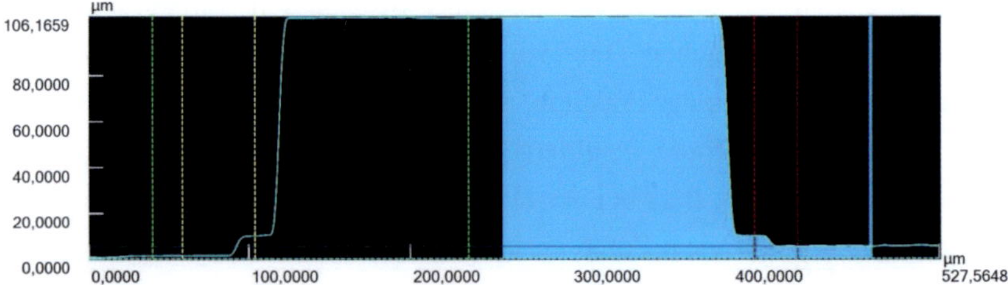

Abbildung 3.9: Profil der lasermikroskopischen Messungen, dargestellt als Segmente in verschiedenen Farben. Der gescannte Bereich ist in der REM-Aufnahme (vgl. Abbildung 3.8) als Doppelpfeil gekennzeichnet. Die Abmaße des gescannten Bereichs betragen 530 µm in der Breite und 100 µm in der Höhe. Die Höhe der vermessen Stufen im Bereich der Kanalwand liegt zwischen 3 bis 20 µm.

### 3.4.3 Optimierung der Formeinsätze in Bezug auf Material und Frässtrategie

Die Formplatte mit den Blutkapillarstrukturen wurde wegen oben erwähnter Probleme neu angefertigt. Die Frässtrategie wurde dahingehend verändert, dass nur die Konturen der Einlaufbereiche der Kanäle mit dem kleinen Werkzeug gefräst wurden. Die langen Kanalstrukturen wurden mit dem gleichen Fräser bearbeitet, der auch die äußeren Konturen endbearbeitet. Dadurch wurde eine etwaige Stufe auf den Einlaufbereich beschränkt. Durch dieses Vorgehen konnte gleichzeitig die Maschinenlaufzeit verkürzt werden. Um die Poren in den Seitenwänden zu vermindern, wurde eine andere Messing-Legierung mit der Bezeichnung „CuZn40Pb2" ausgewählt.

**Messing CuZn40Pb2**

Nach Informationen des Deutschen Kupferinstituts [75] ist CuZn40Pb2 (CW617N) sehr gut für die spanabhebende Bearbeitung und zum Umformen durch Warmpressen geeignet. Es wird besonders bei der Fertigung von Massenteilen für die Elektrotechnik, die Feinmechanik und die optische Industrie eingesetzt. Messing CW617N besteht zu 57 bis 59 % aus Kupfer (Cu), zu 1,6 bis 2,5 % aus Blei (Pb) und zu restlichen Teilen aus Zink (Zn), Nickel (Ni), Eisen (Fe). Um dieses Messing in einem Vorversuch untersuchen zu können, wurde in eine Messingprobe ein Kanal gefräst. Mithilfe Energiedispersiver Röntgenspektroskopie (EDX)[10] wurden die unterschiedlichen Bestandteile untersucht. Die Abbildung 3.10 zeigt die Ergebnisse der Untersuchung auf einem Lunker. Die Ergebnisse zeigen, dass sich im Bereich des Lunkers Anteile von Blei angelagert haben. Abbildungen 3.11 zeigt wiederrum die Ergebnisse auf Bereichen außerhalb des Lunkers. Die Ergebnisse zeigen, dass sich in diesem Bereich kein Blei angelagert hat. Die Oberflächen nach der Fräsbearbeitung wurden auch mittels DekTak auf Rauigkeit gemessen. Die Rauigkeit ($R_a$) lag bei 419 Å.

---

[10] EDX liefert zum herkömmlichen REM-Bild ein aussagekräftiges Bild der Elementverteilung einer Oberfläche. Jede Farbe repräsentiert ein Element aus der EDX-Analyse. EDX gibt Auskunft über die chemische Zusammensetzung der Probe. Die Atome werden dabei durch einen Elektronenstrahl so angeregt, dass eine charakteristische Röntgenstrahlung entsteht [76].

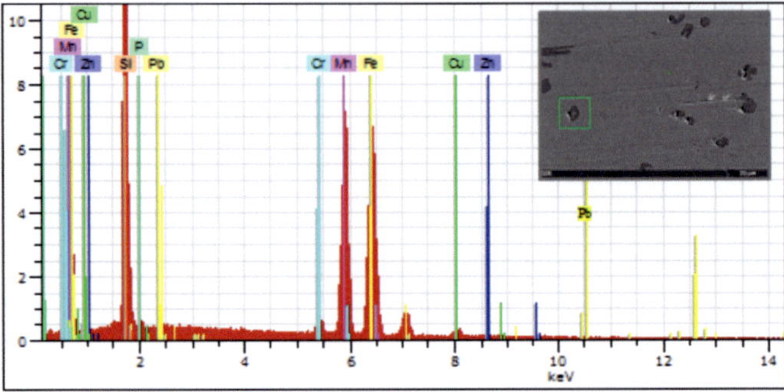

Abbildung 3.10: EDX-Spektrum von Messing CW617N, gemessen auf den im Teilbild dargestellten Lunkern. Zu erkennen sind Anlagerungen großer Mengen von Silizium und Blei.

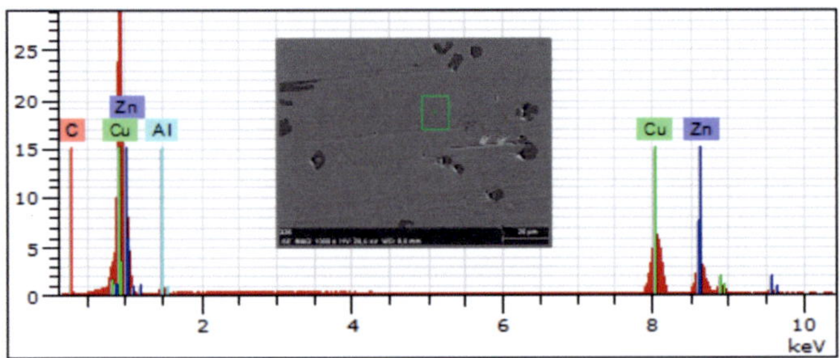

Abbildung 3.11: EDX-Spektrum von Messing CW617N, gemessen auf Bereichen ohne Lunker. Im Spektrum sind deutlich die Hauptbestandteile der Legierung zu erkennen.

## Ergebnisse der REM-Aufnahmen

Die Abbildungen 3.12 und 3.13 zeigen die REM-Aufnahmen (Winkel: 20 Grad) des alten und des neuen Formeinsatzes. Bei der neuen Legierung sind zwar immer noch Poren in Form von Lunkern eingelagert, diese sind jedoch in einer deutlich kleineren Anzahl als zuvor vorhanden. Diese Lunker haben allerdings bei der Abformung keine Komplikationen verursacht. Der Wechsel der Frässtrategie hat dazu geführt, dass keine Stufen mehr aufgetreten sind.

**Messing MS58**

REM-Aufnahme eines Kanals im oberen Chipteil: Entstehung einer sehr kleinen Stufe, ca. 800-fache Vergrößerung.

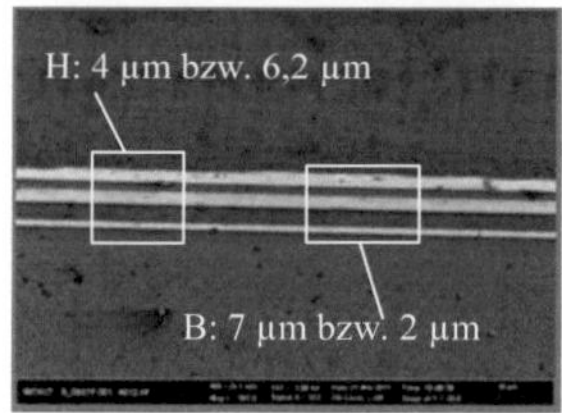

REM-Aufnahme eines Kanals im unteren Chipteil: Entstehung sehr kleiner Stufen, ca. 500-fache Vergrößerung.

**Messing CW617N**

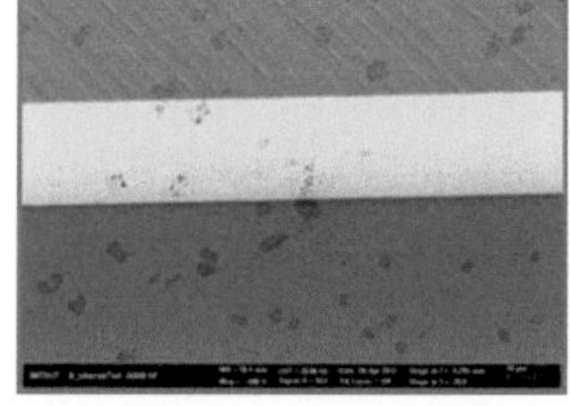

REM-Aufnahme eines Kanals im oberen Chipteil: ca. 600-fache Vergrößerung.

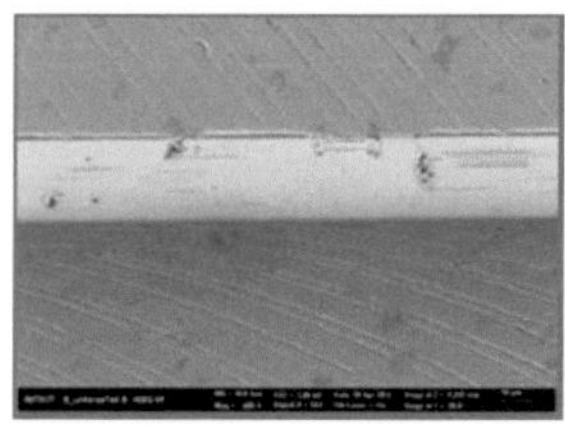

REM-Aufnahme eines Kanals im unteren Chipteil: ca. 600-fache Vergrößerung. Erkennbar sind hier immer noch einige wenige Poren und feine Frässtrukturen.

Abbildung 3.12: REM-Aufnahmen der Seitenwände der beiden Formeinsätze. Links: Messing MS58. Rechts: Messing CW617N.

**Messing MS58**

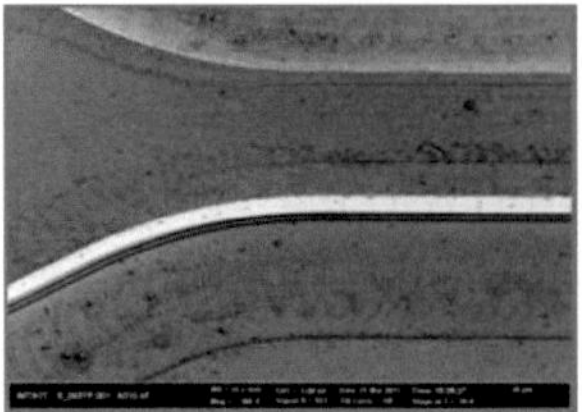

REM-Aufnahme eines Kanals im oberen Chipteil: Zu erkennen sind hier schlechte Oberflächenqualität und die Stufen. Ca. 100-fache Vergrößerung.

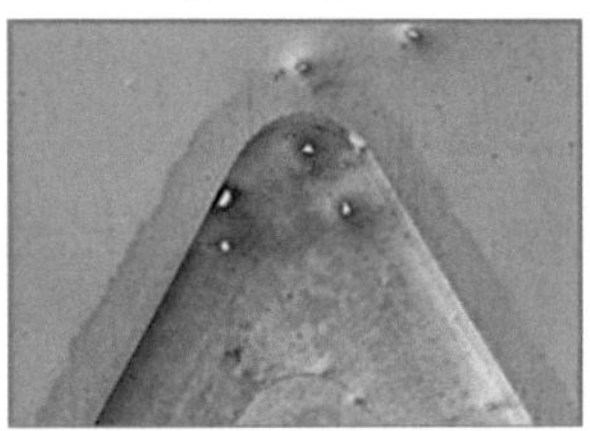

REM-Aufnahme eines Kanals im oberen Chipteil: ca. 133-fache Vergrößerung.

REM-Aufnahme des Stifts (spätere Eingangsbohrung): ca. 50-fache Vergrößerung.

**Messing CW617N**

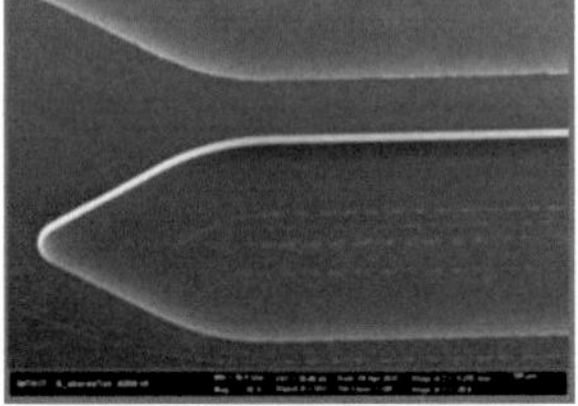

REM-Aufnahme eines Kanals im oberen Chipteil: ca. 50-fache Vergrößerung

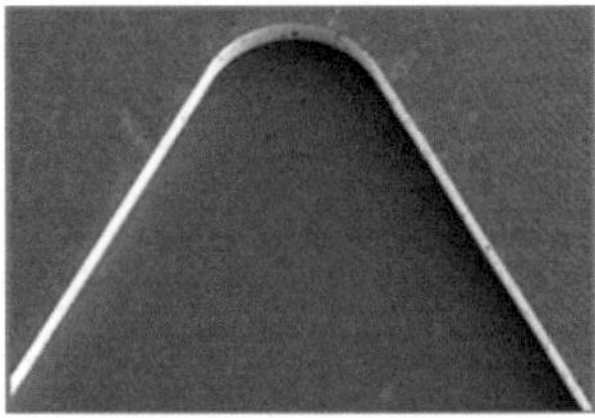

REM-Aufnahme eines Kanals im oberen Chipteil: ca. 175-fache Vergrößerung.

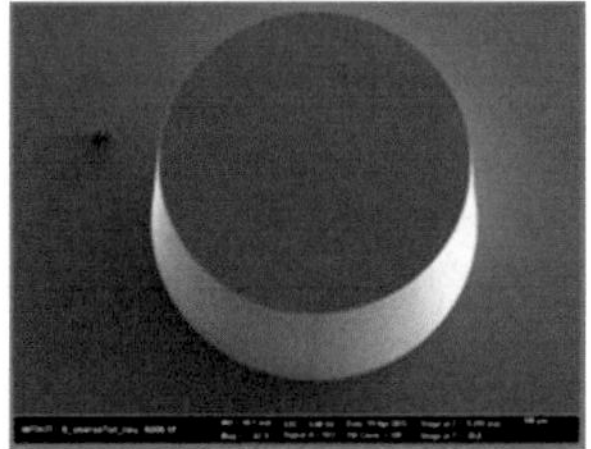

REM-Aufnahme des Stifts (spätere Eingangsbohrung): ca. 60-fache Vergrößerung.

Abbildung 3.13: REM-Aufnahmen verschiedener Details auf den beiden Formeinsätzen. Links: Messing MS58. Rechts: Messing CW617N.

### 3.4.4 Abformung der Chipteile

Mit den optimierten Formeinsätzen (vgl. Abbildung 3.14) wurden im nächsten Schritt die mikrofluidischen Chipteile mittels einer am IMT eingesetzten Heißprägeanlage WUM2 (Firma Jenoptik) erzeugt. Bei der WUM2 handelt es sich um eine Zwei-Säulen-Presse mit großer Maschinenfestigkeit, deren zentraler Spindelantrieb eine maximale Kraft von 250 kN bei hoher Reproduzierbarkeit bereitstellen kann. Diese Maschine ist mit einer Vakuumkammer mit integriertem Heiz- und Kühlsystem ausgestattet. Für den Abformungsprozess sind die drei Parameter Kraft, Temperatur und Zeit entscheidend. Vor der Abformung werden die Formeinsätze und Halbzeuge (Polycarbonatfolien mit jeweils 200 µm bzw. 600 µm Dicke) mit Isopropanol gereinigt und in der Heißprägeanlage WUM2 montiert bzw. eingelegt. Der Formeinsatz wurde an der oberen Werkzeugplatte positioniert. Auf der unteren Werkzeugplatte wird eine sandgestrahlte Substratplatte mit Schrauben befestigt.

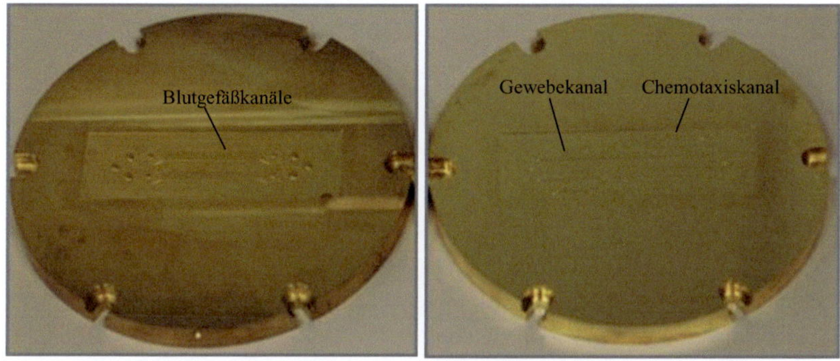


Abbildung 3.14: Mittels Mikrozerspanung hergestellte Formeinsätze aus Messing. Blutgefäßkanal (links), Gewebekanal inklusive der Chemotaxiskanäle (rechts).

Die raue Oberfläche der sandgestrahlten Substratplatte erleichtert die Entformung der Chipteile. Als Halbzeug wird eine der zugeschnittenen Polycarbonat-Folien (Abmaß 85 × 35 mm$^2$) verwendet und auf die Substratplatten gelegt. Zunächst wird die Maschine so weit zugefahren, bis die Vakuumkammer geschlossen ist und der Raum evakuiert werden kann. Die Evakuierung ermöglicht im späteren Zyklusablauf die vollständige Befüllung der Kavitäten mit der Polymerschmelze. Zu Beginn wird die Prägekraft auf 40 kN eingestellt. Die Parameter Prägetemperatur und Haltezeit liegen bei 175 °C bzw. 700 s. Während des Abkühlens wird die Prägekraft weiter aufrechterhalten. Erst bei Erreichen der Entformtemperatur von 75 °C werden die Kraft abgesenkt, die Platten auseinander gefahren und die strukturierte Folie entnommen (vgl. Abbildung 3.15).

Die Oberseiten der Chipteile wurden anschließend in weiteren Schritten mithilfe von Polierpaste und einem Poliertuch 10 min lang poliert. Es ist für die mikroskopische Beobachtung des Metastasierungsprozesses in der unteren Kammer notwendig, dass die Chipteile möglichst transparent sind, sodass auf die Einfärbung der Zellen verzichten werden kann.

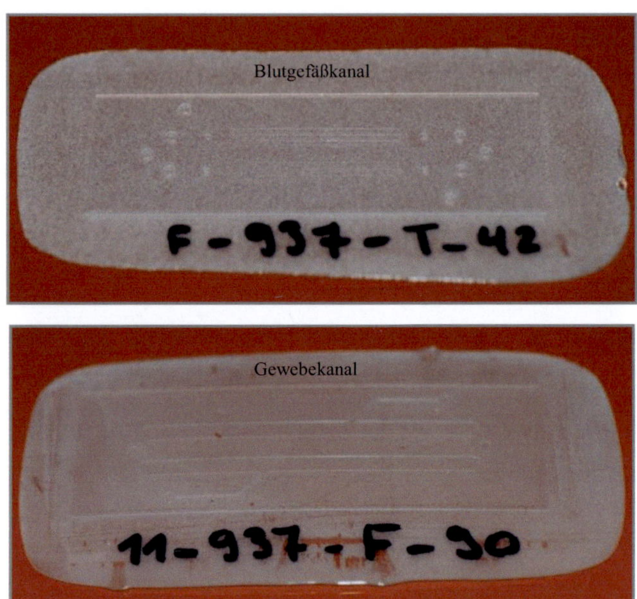


Abbildung 3.15: Abgeformte mikrofluidische Chipteile hergestellt mit einer sandgestrahlten Substratplatte. Die Oberfläche ist sehr matt, wodurch die mikroskopischen Untersuchungen behindert werden.

## 3.5 Vergleich zwischen direkt gefrästen und abgeformten Chipteilen

Mithilfe vergleichender REM-Untersuchungen wurde die Qualität der einzelnen Fertigungsprozesse begutachtet. Abbildung 3.16 zeigt die erzielten mikroskopischen Resultate der hergestellten Chipteile durch Fräsen und Abformtechnik. Die Qualität des Bodens der abgeformten Teile im Vergleich zu den gefrästen Teilen, ist deutlich besser. Mängel wie die Entstehung von

Graten treten bei direkt gefrästen Teilen häufiger auf. Die Oberfläche, die für das thermische Bonden benutzt wird, ist bei gefrästen Teilen besser als die bei den abgeformten. Die Entstehung von Stufen beim Formeinsatz (vgl. Abbildung 3.12) führt dazu, dass bei den abgeformten Teilen in Kunststoff immer eine kleine Stufe bestehen bleibt.

Zusammenfassung kann festgestellt werden, dass die Qualität der durch Abformung hergestellten Chipteile deutlich besser ist als die der direkt gefrästen Teile. Hinzu kommt, dass der Zeitbedarf für die Abformung kürzer ist als für die Fräsbearbeitung, so dass durch Abformung eine wirtschaftlichere Fertigung möglich ist.

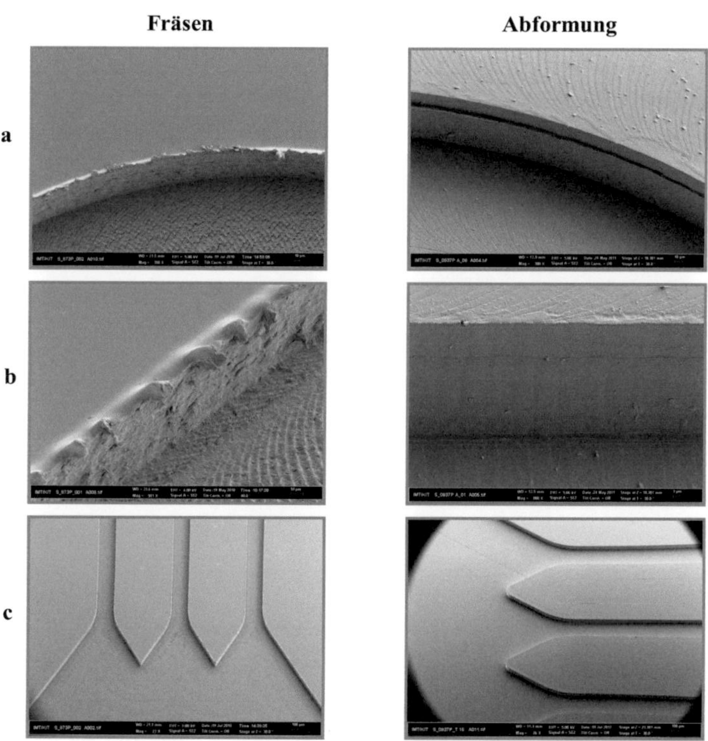



Abbildung 3.16: Vergleichende REM-Aufnahmen von direkt gefrästen und mittels Abformung hergestellten Chipteilen. Bei direkt gefrästen Teilen (a und b) kommt es zur Gratbildung. Bei abgeformten Teilen (c) kommt es zu einer Abrundung bei den fluidischen Einläufen.

## 3.6 Membrantechnik

Die Membrantechnik ist eines der wichtigsten modernen Verfahren zur Trennung von Stoffgemischen. Membranen bestehen meist aus einer sehr dünnen Schicht, die feste, flüssige oder gasförmige Substanzen einer Mischung bei Bedarf zurückhalten kann, wenn die Durchmesser dieser Substanzen größer als die Poren sind, während sie für andere Stoffe mit kleineren Durchmessern durchlässig sind [77]. Die Zellmembran ist eine bekannte und natürliche Membran, welche für kleine lipophile Moleküle und Wasser durchlässig ist, jedoch große Moleküle und Ionen zurückhält. Ihre Permeabilität wird von der Zelle über spezielle porenbildende Membranproteine aktiv gesteuert [78]. Basierend auf aus der Natur gewonnen Erfahrungen, werden seit Jahren künstliche Membransysteme entwickelt. Die ersten Membranen waren synthetische Polymermembranen aus Zellulosenitrat und Zelluloseacetat, welche für die Abtrennung von Bakterien in der Medizin genutzt wurden [78]. In der Membrantechnik werden Membranen in zwei große Gruppen unterschieden: dichte und poröse Membranen. Dichte Membranen haben einen Porendurchmesser kleiner als 2 nm [78] und werden besonders zur Trennung von Gasgemischen (z.B. Sauerstoff/Stickstoff [79]), oder von Flüssigkeitsgemischen (z.B. aromatische/aliphatische Kohlenwasserstoffe [80]) eingesetzt. Poröse Membranen haben Porendurchmesser von mehr als 2 nm und dienen zur Separation von Feststoffen aus Dispersionen. Die porösen Membranen zählen zu den wichtigsten Membrantypen, welche in der Biotechnologie und Medizin verwendet werden [81]. Die Polymermembranen können durch eine Vielzahl von Verfahren hergestellt werden. Je nach Herstellungstechnik kann die Membrandicke oder die Porengröße variieren.

Die Membran simuliert im hier beschriebenen Chipsystem die Basalmembran der Blutgefäßwand. Auf der Membran werden Endothelzellen (Zellen der Blutgefäßwand) kultiviert. Der Durchmesser der Poren beträgt 5 μm. Je größer die Poren sind, umso wahrscheinlicher ist es, dass die Endothelzellen in die Poren eindringen anstatt auf der Membran anzuwachsen.

Zuerst soll in dieser Arbeit die Biokompatibilität der Membranen nachgewiesen werden. Dazu wurden zwei verschiedene Membranmaterialien

46

(Polycarbonat und Polyester) von der Firma it4ip (Belgien) untersucht und bewertet. Diese Membranen werden als ideale Substrate für die Zellkultur-Experimente vorgeschlagen [82]. Aufgrund ihrer kontrollierten Permeabilität und Diffusion von Medien sowohl an apikalen als auch an basolateralen Zelloberflächen (vgl. Abbildung 2.2) liegen die Membraneigenschaften nahe denen in *in vivo*-Techniken [82]. Allerdings hat die PC-Membran bessere Fertigungs- und Verbindungeigenschaften, da alle anderen Teile des Chipsystems auch aus PC gefertigt werden. Die Polyestermembran (PET) [82] hat gegenüber Polycarbonat eine bessere Lösungsmittelbeständigkeit. Außerdem ist diese Membran hydrophil und benötigt daher kein zusätzliches Benetzungsmittel.

Weiterhin spielt die Porendichte und deren Verteilung für die Experimente und Analyse der Wanderungsvorgänge eine wichtige Rolle. Kommerziell erhältliche Membranen besitzen bei einem Porendurchmesser von 5 μm eine Porendichte von $4 \times 10^5/\text{cm}^2$. In dieser Arbeit wurden neben Membranen mit einer Porendichte von $10^5/\text{cm}^2$ auch weitere mit speziellen Porendichteverteilungen, welche im nachfolgenden Abschnitt beschrieben sind, verwendet.

### 3.6.1 Membrandesigns

Im Zusammenhang mit den Betrachtungen der rheologischen Simulation des mikrovaskulären Gefäßsystems wurden vier verschiedenen Designs konzipiert und erarbeitet. Die Designs beschränken sich auf eine neue Porendichteverteilung in einem ausgewählten Bereich mit einer Breite von 15 mm und einer Länge von 23 mm, wobei in diesem Bereich der wichtigste Teil des Metastasierungsprozesses unter mikroskopischer Beobachtung stattfindet. Unter anderem erschwert die hohe Porendichte die Unterscheidung zwischen der porösen Membranoberfläche und den nicht gefärbten Zellen. Abbildung 3.17 zeigt die schematische Darstellung der Porenverteilung im Chipsystem. In Tabelle 3.1 werden die unterschiedlichen Membrandesigns erläutert.

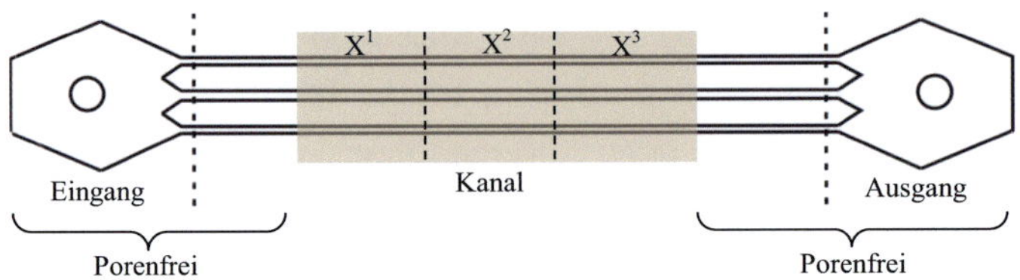



Abbildung 3.17: Membrandesign mit Bereichen unterschiedlicher Porendichte. Der ausgewählte Bereich hat eine Länge von 23 mm und eine Breite von 15 mm. Die Kanäle wurden in drei Abschnitte X1-X3 eingeteilt.

Tabelle 3.1: Ausgewählte Membrandesigns für definierte Bereiche. Porendichte: PD, Porengröße: PG.

| | $X^1$ | | $X^2$ | | $X^3$ | |
|---|---|---|---|---|---|---|
| Abmessung | $8 \times 15$ mm$^2$ (L×B) | | $7 \times 15$ mm$^2$ (L×B) | | $8 \times 15$ mm$^2$ (L×B) | |
| Design | PD | PG | PD | PG | PD | PG |
| D1 | $10^5$/cm$^2$ | Ø 5 µm | $10^5$/cm$^2$ | Ø 5 µm | $10^5$/cm$^2$ | Ø 5 µm |
| D2 | $10^5$/cm$^2$ | Ø 5 µm | ohne Poren | | $10^5$/cm$^2$ | Ø 5 µm |
| D3 | $10^5$/cm$^2$ | Ø 5 µm | $10^3$/cm$^2$ | Ø 5 µm | $10^5$/cm$^2$ | Ø 5 µm |
| D4 | $10^5$/cm$^2$ | Ø 5 µm | $10^3$/cm$^2$ | Ø 10 µm | $10^5$/cm$^2$ | Ø 5 µm |

Design 1 (D1): Hier kann das Verhalten von kultivierten Endothelzellen auf einer dicht gepackten Porenverteilung auf der gesamten Kanalstrecke beobachtet werden. Aufgrund der Kontrastverhältnisse ist eine Anfärbung der Zellen notwendig.

Design 2 (D2): Mit diesem Design soll untersucht werden, welche Strecke die eingebrachten Krebszellen nach Durchdringen der Endothelschicht wandern können, bis sie eine geeignete Pore zur Migration finden.

Design 3 (D3): Hier kann das Verhalten von kultivierten Endothelzellen auf einer nicht dichtgepackten Porenverteilung analysiert werden. Wegen des besseren Kontrasts kann auf eine Anfärbung der Zellen verzichtet werden.

Design 4 (D4): Design 4 wurde ausgewählt, um einen Vergleich zwischen unterschiedlichen Porengrößen durchzuführen.

## 3.6.2 Verfahren zur Strukturierung von Membranen mit einer definierten Porendichteverteilung

Für die Strukturierung von Membranen kommen vier Verfahren in Betracht:

* Lasermikrobearbeitung zur Strukturierung der Membran mit gleichmäßiger Porenverteilung
* Kernspur-Verfahren, Strukturierung der Poren mit ungleichmäßige Porenverteilung
* Ätztechniken zur Strukturierung der Membran mit gleichmäßiger Porenverteilung
* Stanzen und Prägen

In dieser Arbeit wurden nur die ersten drei Verfahren untersucht, da aus fertigungstechnischen Gründen ein Porendurchmesser von nur 5 µm durch Stanzen bzw. Prägen nicht realisiert werden kann [5].


## 3.6.3 Lasermikrobearbeitung

Die Polycarbonat-Folien der Firma LOFO High Tech Film GmbH (Weil am Rhein) wurden mithilfe eines Ultrakurzpulslasers (UKP-Laser) der Firma TRUMPF (Ditzingen) mit 5 µm großen Poren versehen. Vorteile der UKP-Lasermikrobearbeitung sind:

* laterale Auflösung um einige Mikrometer,
* fast alle Materialien können damit bearbeitet werden.

Technische Merkmale:

* Leistung: bis zu 50 W
* Wellenlängen: 1030 nm, 515 nm, 343 nm.

Abbildungen 3.18 und 3.19 zeigen lichtmikroskopische Aufnahmen der mittels Lasermikrobearbeitung erzeugten Folien.

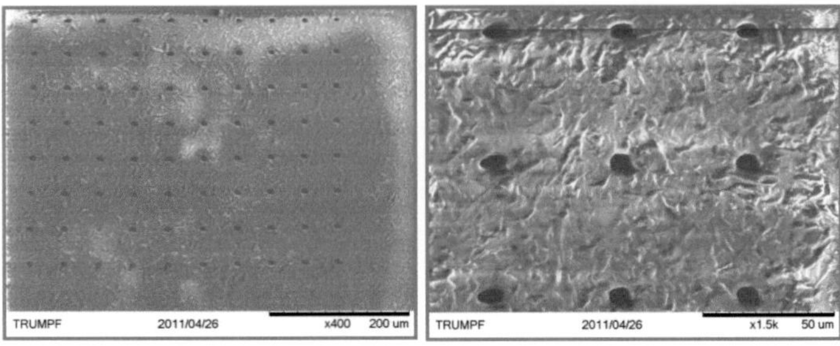

Abbildung 3.18: Lichtmikroskopische Aufnahmen der erzeugten Poren mit definierter Anordnung und Porendurchmessern von ca. 5 µm (mit freundlicher Genehmigung der Firma Trumpf).

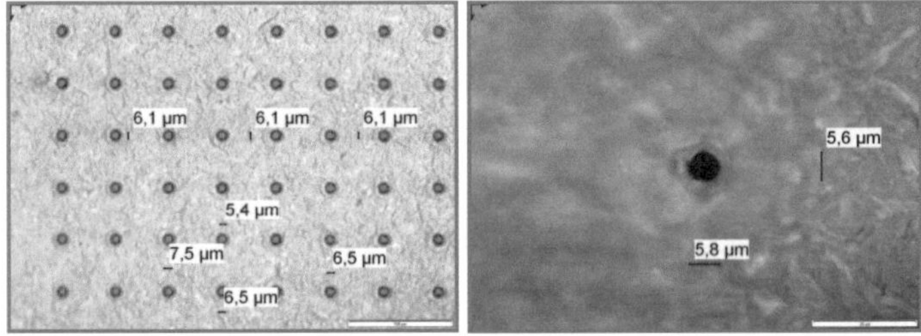

Abbildung 3.19: Lichtmikroskopische Aufnahmen der erzeugten Poren. Erwünscht waren Poren mit einem Durchmesser von 5 µm. Der durchschnittliche Porendurchmesser lag bei 6,3 µm.

Mithilfe der Laserbearbeitung konnten Poren nahe dem zuvor definierten Durchmesser und der gewünschten Porenverteilung präpariert werden. Der durchschnittliche Porendurchmesser lag bei 6,3 µm, da es bei der Lasermaterialbearbeitung zum Aufschmelzen der umliegenden Bereiche kommt.

### 3.6.4 Kernspurverfahren

Beim Kernspurverfahren wird zunächst eine dicke Polycarbonatfolie mit Argon- oder Xenon-Ionen beschossen. Die Ionen beschädigen die Polymerstruktur an den getroffenen Stellen, sodass diese beim nächsten Prozessschritt, der selektiven Ätzung, entfernt werden kann. Die Porendichte ist abhängig von der Expositionszeit in der Strahlungsquelle. Der Durchmesser der Poren kann durch die Ätzbedingungen eingestellt werden, welche in den nächsten Abschnitten erläutert werden [83].

Die mittels Kernspurverfahren gefertigten Membranen wurden in Kooperation mit der Firma it4ip hergestellt. Es war zunächst notwendig, ein entsprechendes Maskendesign zu erstellen, um bestimmte Bereiche der Membran vor der Ionenbestrahlung zu schützen. Die Abbildung 3.20 zeigt die erzeugten Membranfolien. Für eine niedrige Porendichte muss die Ionenintensität reduziert werden. Mit der geringeren Ionenintensität konnte eine geringere Porendichte von $10^3/cm^2$ mit einer Porengröße von 5 µm erreicht werden (vgl. Abbildung 3.21). Damit ist die Porendichte deutlich geringer als bei kommerziellen Standardmembranen.

Abbildung 3.20: Aufnahmen der Membranen, hergestellt durch Kernspur-Technik. Das linke Bild zeigt die Membran mit Design 1 und das rechte Bild die Membran mit Design 2.

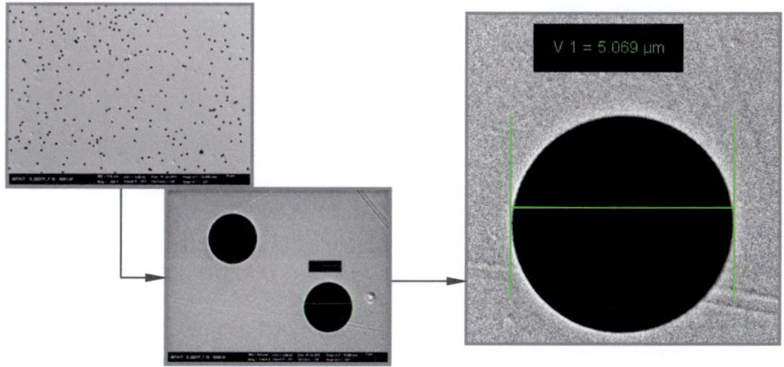



Abbildung 3.21: REM-Aufnahmen der Membranen mit geätzten Poren, hergestellt durch die Firma it4ip.

In der nächsten Phase wurden die Membranen (Designs 1-3) in Kooperation mit dem Helmholtzzentrum für Schwerionenforschung (GSI) in Darmstadt strukturiert. Im ersten Schritt wurden die Polycarbonat-Folien (Pokalon, Gelb, Ø = 50 mm, bereitgestellt von GSI) mit Argon beschossen. Anschließend wurden die Membranen in einem speziellen Behälter jeweils für 3,5 Stunden bzw. 6 Stunden mit einer NaOH-Konzentration von 6 mol/l geätzt und im Anschluss mit destilliertem Wasser gereinigt. Die mikroskopischen Aufnahmen in Abbildung 3.22 zeigen das Resultat. Bei der Membran mit 3,5-stündiger Ätzung konnten Porendurchmesser von 4 µm und bei 6 Stunden Porendurchmesser von 8 bis 9 µm ereicht werden.

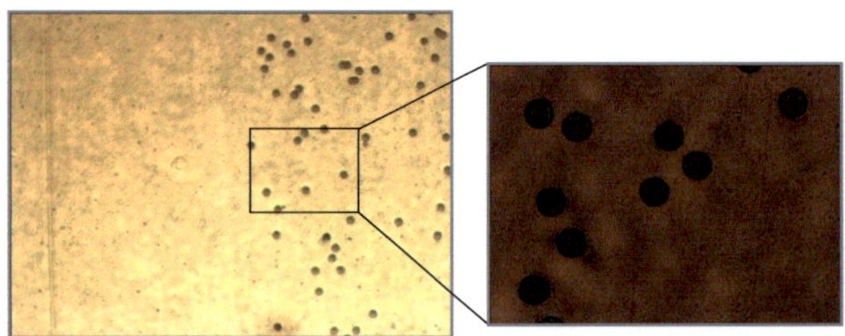

Abbildung 3.22: Lichtmikroskopische Aufnahme der Membran des Designs 2, hergestellt durch Kernspur-Technik. Die Grenze zwischen den porösen und den nicht porösen Bereichen ist gut erkennbar. Das rechte Bild zeigt eine vergrößerte Darstellung der Poren.

Um eine Porengröße von 5 µm bzw. 10 µm zu erreichen, wurden die Folien am IMT geätzt [70]. Das Resultat hängt von der Art des Polymers, von der Konzentration des Ätzmittels und von der Temperatur des Ätzbads ab (vgl. Abbildung 3.23).

Abbildung 3.23: Schematische Darstellung des zeitlichen Schichtabbaus der Membran und Porenerzeugung beim Ätzvorgang nach der Bestrahlung (verändert nach [83]).

Für die Versuche wurde eine NaOH-Lösung (6 mol/l) eingesetzt und auf 50 °C erwärmt. Aufgrund der gewonnenen Erkenntnisse am GSI wurden die Proben in einer speziellen Edelstahlhalterung fixiert (vgl. Abbildung 3.24) und für mehrere Stunden geätzt. Nach [84] wird für einen Porendurchmesser von 25 nm eine Ätzzeit von einer Minute benötigt. Wird dieses Ergebnis für größere Porendurchmesser hochgerechnet, so müssten für 5 µm etwa 200 min bzw. für 10 µm ca. 400 min geätzt werden. Experimente am GSI-Darmstadt zeigten, dass 200 min Ätzzeit für eine Porengröße von 5 µm nicht ausreichend war. Daher wurde am IMT mit Ätzzeiten von 6 bzw. 12 Stunden gearbeitet.

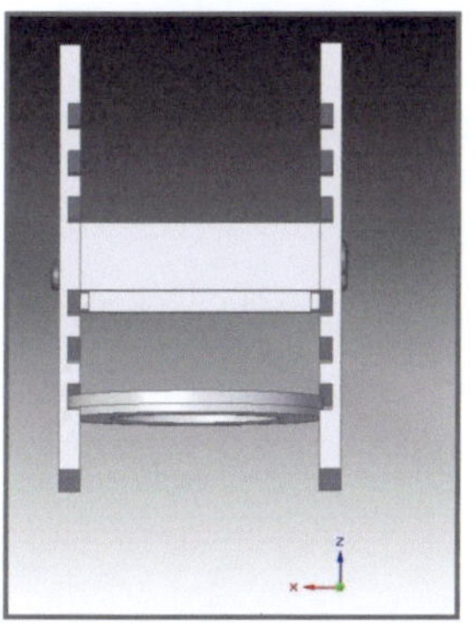
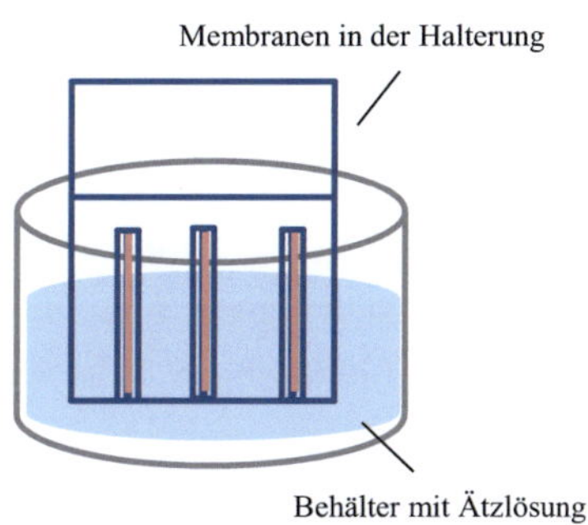


Abbildung 3.24: 3D-Zeichnung der Membran-Halterung für den Ätzvorgang (links) und schematische Darstellung des Versuchsaufbaus (rechts).

Abbildung 3.25 zeigt das Ergebnis nach einer 6-stündigen Ätzung. Die gemessene Porengröße beträgt bei 6 mol/l NaOH-Lösung ca. 4 µm. Das Ätzmittel greift auch die Oberflächen der Membran an, wodurch die Folie dünner wird.

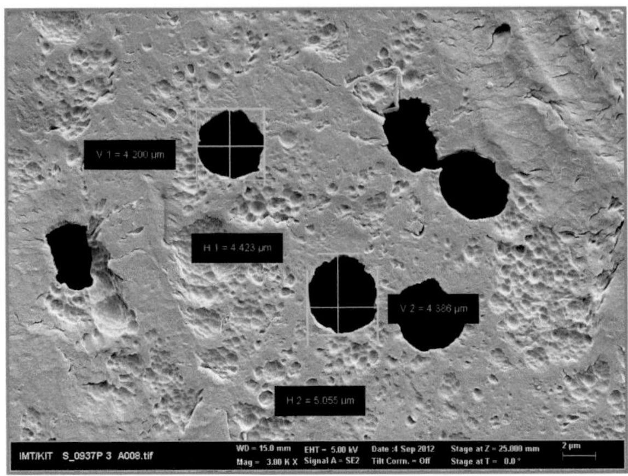

Abbildung 3.25: REM-Aufnahme der Oberfläche einer Membran und gemessene Porengrößen (ca. 4 µm) nach der 6-Stündigen Ätzung (6 mol/l NaOH). Das Ätzmittel greift auch die Oberflächen der Membran an.

Da die gewünschte Porengröße nicht erreicht wurde, wurde im zweiten Versuch anstatt einer 6-molaren NaOH-Lösung eine 9-molare Lösung verwendet. Abbildungen 3.26 zeigt das Ergebnis nach einer Ätzzeit von 6 Stunden.

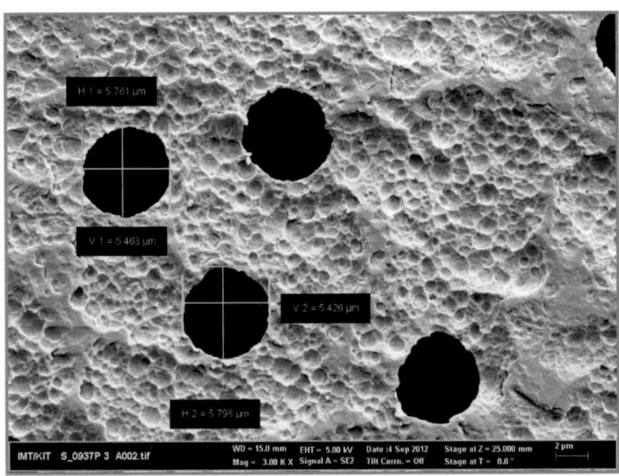

Abbildung 3.26: REM-Aufnahme einer Membran nach der 6-stündigen Ätzung mit 9 mol/l NaOH-Lösung. Im Vergleich zur Abbildung 3.25 zeigt sich ein Unterschied im Porendurchmesser. Die Poren haben hier ca. 5 µm Durchmesser. Die Membranoberfläche wird stärker angegriffen.

Im nächsten Schritt wurden die Proben für 12 Stunden in 6 mol/l NaOH-Lösung (vgl. Abbildung 3.27) bzw. 9 mol/l NaOH (vgl. Abbildung 3.28) geätzt. Ziel war es, einen Porendurchmesser von 10 μm zu erreichen. Allerdings wurde nach einer Ätzung von 12 Stunden mit 6 mol/l bzw. 9 mol/l ein Porendurchmesser von durchschnittlich 7,5 μm bzw. 9 μm erreicht. Ergebnisse zeigen, dass nach einer Ätzzeit von 12 Stunden mit 6 mol/l ein Porendurchmesser von durchschnittlich 7,5 μm und bei 9 mol/l NaOH ein Porendurchmesser von 9 μm erreicht wird. Desweiteren ist erkennbar, dass die Membranoberfläche nach einer Ätzzeit von 12 Stunden mit 9 mol/l sehr stark angegriffen wird (vgl. Abbildung 3.28). Es kommt zu einem erheblichen Materialabtrag, sodass die Membrandicke von anfangs 50 μm auf 20 μm reduziert wird.

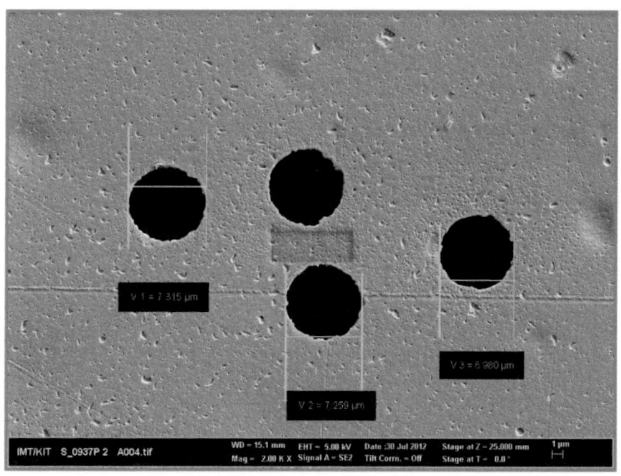


Abbildung 3.27: REM-Aufnahme einer Membran nach einer Ätzzeit von 12 Stunden mit 6 mol/l NaOH. Es konnte ein Porendurchmesser von durchschnittlich 7,5 μm erreicht werden.

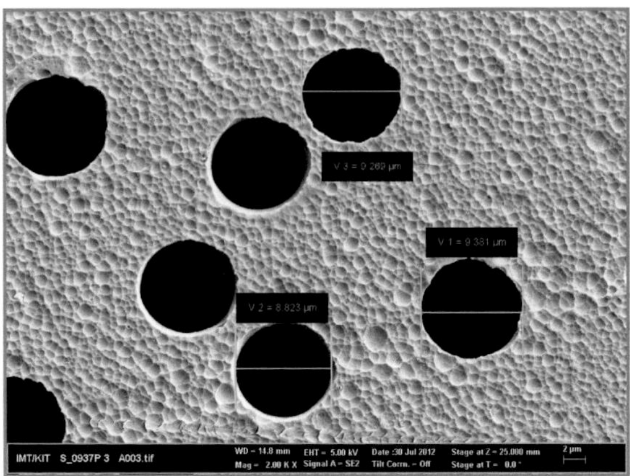

Abbildung 3.28: REM-Aufnahme einer Membran nach 12-stündigem Ätzen mit 9 mol/l NaOH. Die Membranoberfläche wurde so stark angeätzt, dass die Membrandicke am Ende nur noch bei ca. 20 µm lag (Ausgangsdicke: 50 µm). Der gewünschte Porendurchmesser von ca. 10 µm konnte fast erreicht werden.

## 3.6.5 Trockenätztechnik

Bei diesem Verfahren handelt es sich um einen physikalisch-chemischen Prozess, welcher am IMT zur Strukturierung einer Polycarbonat-Folie der Firma Lofo High Tech Film GmbH verwendet wurde. Für diese Präparationen wurde eine Folie von 20 µm Dicke verwendet. Abbildung 3.29 zeigt die Prozessschritte zur Strukturierung der Folie. Die PC-Folie wurde mit 50 sccm[11] $O_2$, 50 W RF[12] und 2000 W ICP[13] jeweils für 5 min und 10 min geätzt.

---

[11] sccm: Standardkubikzentimeter pro Minute beschreibt unabhängig von Druck und Temperatur eine definierte strömende Gasmenge pro Zeiteinheit (Stoffmenge normiert auf T = 0 °C und p = 1 bar).
[12] RF: Kapazitiv eingekoppelte Leistung.
[13] ICP: RIE mit induktiv eingekoppelter Plasma-Quelle.

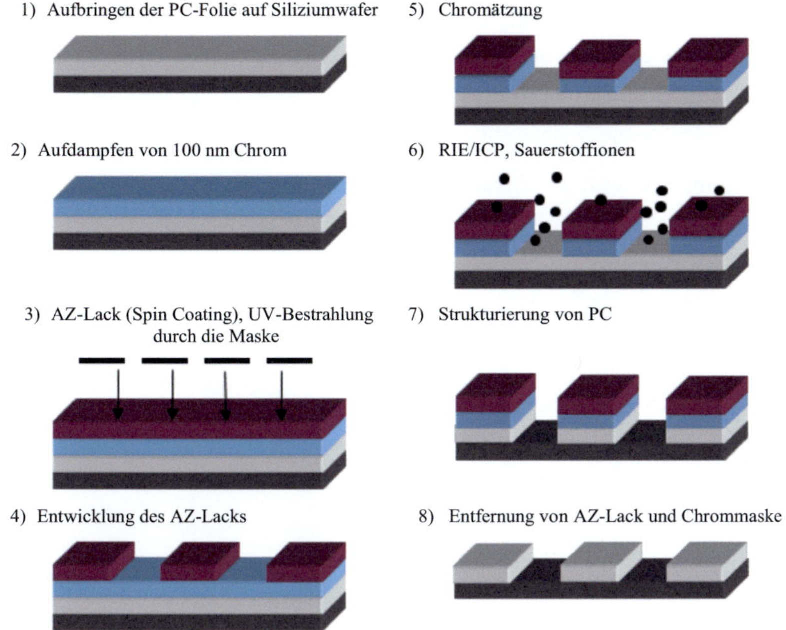



Abbildung 3.29: Schematische Darstellung des Ätzvorgangs zur Strukturierung von Polycarbonatfolie.

Mittels des DekTak wurde der Höhenunterschied zwischen den geätzten und nicht geätzten Bereichen untersucht. Es konnte festgestellt werden, dass durch Sauerstoffionen die Oberfläche des Polycarbonats angegriffen wird.

### 3.6.6 Diskussion

Die Versuche haben gezeigt, dass mittels Lasermikrobearbeitung Membranen mit gleichmäßiger Porenverteilung in differenzierten Bereichen strukturiert werden können. Allerdings ist die Technologie für eine höhere Porendichte als $10^3/cm^2$ aufgrund der langen Bearbeitungszeiten nicht geeignet.

Mit dem Kernspurverfahren können hingegen ungleichmäßige Porenverteilungen erzeugt werden, wobei sich die Porendichte über die Bestrahlungsintensität und die Porengröße über die Parameter des nachfolgenden nasschemischen Ätzprozesses einstellen lassen. Aufgrund der statistischen Verteilung der Poren besteht allerdings die Möglichkeit, dass eng beieinanderliegende Poren zu einer einzigen mit entsprechend größerem Durchmesser verschmelzen. Ein weiterer Nachteil dieses Verfahrens besteht in der geringen Verfügbarkeit entsprechender Bestrahlungseinrichtungen.

In Abschnitt 3.8 wird im Zusammenhang mit der Herstellung der Membran aus einer Polycarbonat-Lösung detaillierter über Trockenätzen berichtet und es werden Vor- und Nachteile dieses Verfahrens in wenigen Sätze zusammengefasst.

## 3.7 Membran mit integrierter Messsensorik

Dieser Abschnitt beschäftigt sich mit der messtechnischen Weiterentwicklung des mikrofluidischen Chips. Die lichtmikroskopischen Messungen sollen durch alternative Verfahren, wie der Impedanzspektroskopie bzw. dem sogenannten „Electrical Cell-Substrate Impedance Sensing" (ECIS) ergänzt werden. Die Barriereeigenschaften der Endothelzellen können durch das Anlegen einer nicht-invasiven Wechselspannung nach der Kultivierung analysiert werden (vgl. Abschnitt 2.4.2) [21]. Abbildung 3.30 zeigt das Chipsystem mit integrierten Goldelektroden.

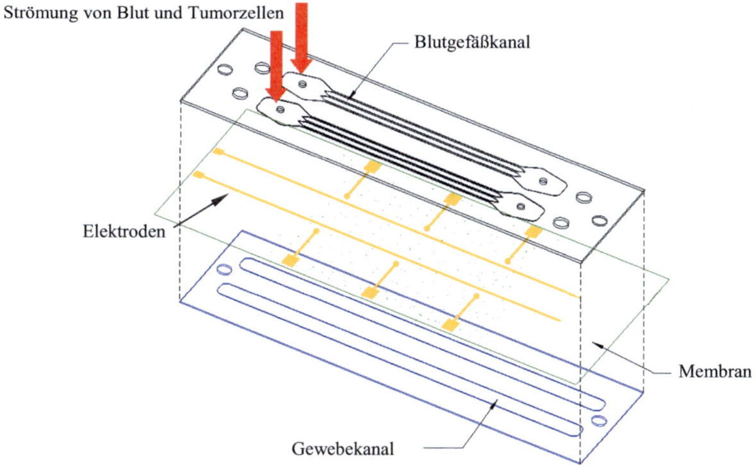


Abbildung 3.30: Schema des mikrofluidischen Chips mit auf der Membran integrierten Elektroden.

### 3.7.1 ECIS-Messungen

Um einen geschlossenen Stromkreislauf zu gewährleisten, sind zwei Elektroden notwendig. Unterschieden wird zwischen Messelektrode und Gegenelektrode (vgl. Abbildung 3.31). Die Gegenelektroden werden entweder in das System integriert oder extern zugeführt. Die Elektroden dienen einerseits als Sensoren für die Impedanzmessung als auch als Kultursubstrat für die zu untersuchenden Zellen. Nach [21] soll die Impedanz der Gegenelektrode deutlich kleiner sein als die der Arbeitselektrode. Dadurch kann die Impedanz der

Gegenelektrode vernachlässigt und die gesamte Impedanz des Systems auf die Arbeitselektrode bzw. die Zellen bezogen werden.

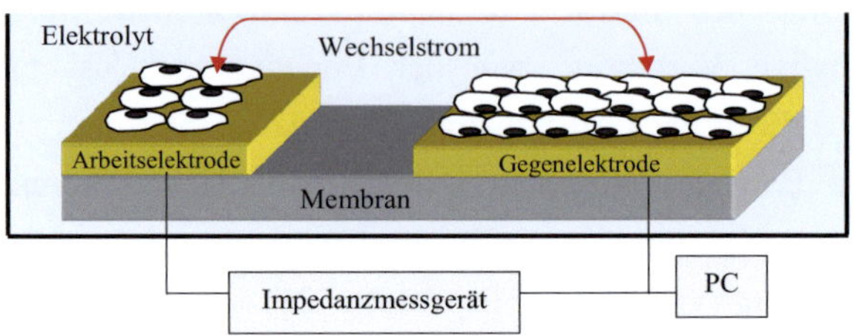


Abbildung 3.31: Darstellung des ECIS-Messprinzips. Die Arbeits- und die integrierte Gegenelektrode sind über das Medium zur Messung der Impedanz der Zellschicht leitend miteinander verbunden.

Theoretisch fließt der Hauptanteil des Stromes bei niedrigen Frequenzen durch die Zwischenräume der Zellen (parazellulär). Der Weg des Stromes ist in den Abbildung 3.32 durch die roten Pfeile dargestellt. Bei hohen Frequenzen hingegen fließt der Hauptteil des Stroms durch die Zellkörper hindurch (transzellulär), was in Abbildung 3.32 durch die grünen Pfeile dargestellt ist. Die Amplitude der eingesetzten Wechselspannung soll wenige Millivolt betragen, sodass sie keinen Einfluss auf die Zellen und somit auf das Messergebnis hat [85].

Abbildung 3.32: Darstellung des Stromflusses durch den Zelllayer (z.B. kultivierte Endothelzellen). Links: bei hoher Frequenz > 40.000 Hz, Rechts: bei niedriger Frequenz < 2000 Hz (verändert nach [18], [85-86]).

## 3.7.2 ECIS-Modell einer von Zellen bewachsenen Goldelektrode

Im Modell von Giaever und Keese sowie in der verbesserten Version von Applied BioPhysics wird die frequenzabhängige Impedanz der Zell-Substrat-Kontakte durch den Parameter $\alpha$ und der Impedanzbetrag der Zell-Zell-Kontakte durch den ohmschen Widerstand $R_b$ beschrieben (vgl. Abbildung

3.33). Dieser Anteil der Impedanz wird durch die Kapazität der Zellmembran $C_m$ geleitet. Die Zellen werden im beschriebenen Modell als Zylinder und mit Radius $r_c$ angedeutet. Sie befinden sich im Abstand d zur Elektrode [17-18], [21,85].

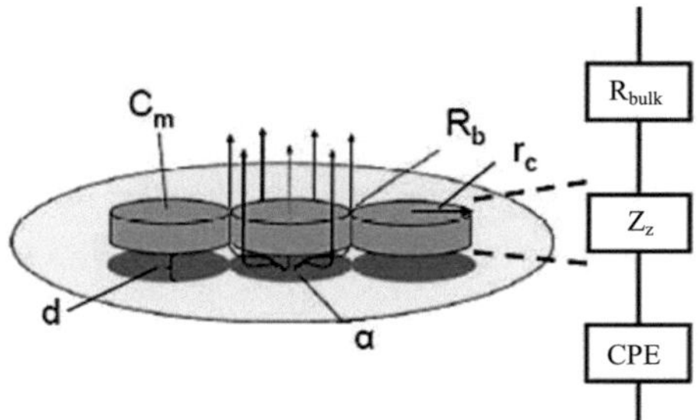


Abbildung 3.33: Darstellung des Modells und Ersatzschaltbilds einer zellbewachsenen Elektrode nach [21, 87].

$R_{bulk}$: ohmscher Widerstand der Elektrolytlösung
$Z_z$: Impedanzbetrag der Zellschicht
CPE: nicht ideale Impedanz der Grenzfläche Elektrode/Elektrolyt
$r_c$: Zellradius
d: Abstand der Zellen zum Substrat
α: frequenzabhängige Impedanz der Zell-Substrat-Kontakte
$R_b$: parazellulärer Widerstand bzw. Widerstand der Zell-Zell-Kontakte
$C_m$: Kapazität der Plasmamembran

Zur Berechnung des Modells von Giaever und Keese [85] wurde die Gesamtimpedanz aus der Impedanz der zellfreien Elektroden, der Impedanz der Zellplasmamembranen und der frequenzabhängigen Impedanz der Zell-Substrat-Kontakte α berechnet (vgl. Anhang A) [88].

In dieser Arbeit werden die Impedanzmessungen mithilfe des Programms „IMPESPEC-Impedanz-Analysator" von Firma MEODAT (Ilmenau) durchgeführt.

Das Impedanzspektrum der zellbedeckten Goldelektrode wird laut ECIS-Modell wie folgt erklärt: Die Gesamtimpedanz ist bei sehr niedrige Frequenzen durch die Impedanz der Elektroden/Elektrolyt-Grenzfläche dominiert, die Übertragungsfunktion der zellfreien und zellbedeckten Elektrode sind fast gleich. Bei niedrigen bis mittleren Frequenzen fließt der Strom parazellulär. Die Gesamtimpedanz erhöht sich gegenüber der der freien Elektrode, da sie von den Parametern $\alpha$ und $R_b$ dominiert wird. Bei höheren Frequenzen ab $10^5$ fließt der Strom transzellulär. Der ohmsche Elektrolytwiderstand Rbulk spielt erst bei höheren Frequenzen eine Rolle.

### 3.7.3 Materialauswahl für die Elektroden

Bei der Auswahl der Materialien für die Elektroden muss ein großes Augenmerk auf Anforderungen wie die Biokompatibilität des Materials, die elektrischen, elektrochemischen und mechanischen Eigenschaften, sowie die Langzeitstabilität gelegt werden. Das Material darf keinen Einfluss auf die Vitalität der kultivierten Zellen haben [37]. Jedoch sollen die Elektrodenmaterialien eine hohe Festigkeit aufweisen, um Risse oder Brüche zu verhindern und dadurch eine hohe Langzeitstabilität zu garantieren [89]. Als Elektrodenmaterial auf der Membran kann u. a. Gold, Platin oder Silber verwendet werden [90]. In dieser Arbeit wurden die Elektroden überwiegend aus Gold hergestellt. Für Vergleichsmessungen wurde auch Platin als Gegenelektrode verwendet. Gold hat mit einem spezifischen Leitwert von $\kappa = 43{,}4\ \mathrm{m}/(\Omega\ \mathrm{mm}^2)$ eine gute elektrische Leitfähigkeit, gehört zu den biokompatiblen Metallen, hat keine toxische Wirkung auf Zellen und kann somit als Kultursubstrat verwendet werden [21, 37].

### 3.7.4 Messversionen

Um die ECIS-Messung durchzuführen und passende Elektrodendesigns zu konzipieren, wurden zwei unterschiedliche Messversionen entwickelt und hergestellt [91]. Bei Version I erfolgen die Impedanzmessungen über zwei koplanar angeordnete Elektroden. Diese Experimente werden in einer speziellen Testkammer durchgeführt (vgl. Abbildung 3.34).

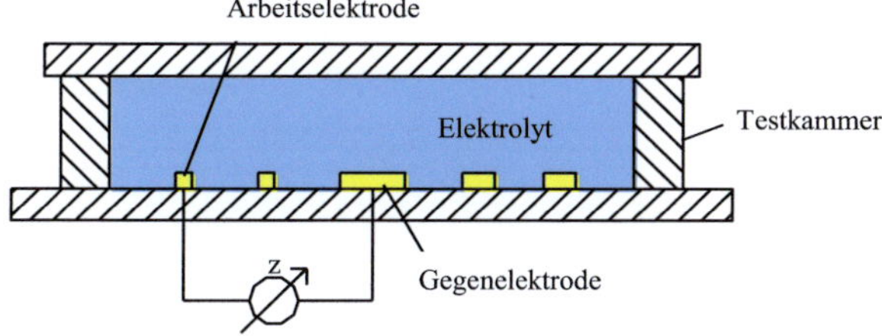


Abbildung 3.34: Schema der Messversion I. Bei dieser Version werden alle Arbeitselektroden und die Gegenelektroden auf der Membran integriert [92].

Die Version II (vgl. Abbildung 3.35) unterscheidet sich in der Anordnung der Gegenelektrode. Dabei wird die Gegenelektrode als Platindraht durch die Bohrung des Deckels in die Elektrolytlösung eingetaucht. Dadurch ist die Eintauchtiefe und somit der Abstand zwischen Arbeits- und Gegenelektrode variabel. Im Zweikammer-Chip wird dann bei erfolgreicher Untersuchung dieser Version der Draht über die mit den Adaptoren verbundenen Schläuchen in das Testsystem eingeführt.

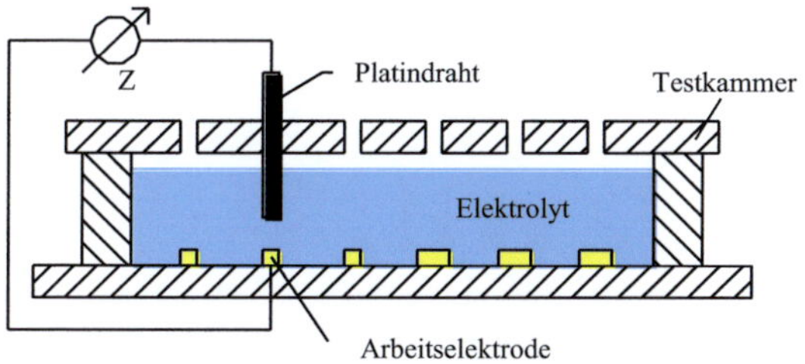


Abbildung 3.35: Schema der Messversion II. Bei dieser Version werden nur die Arbeitselektroden auf der Membran integriert, als Gegenelektrode dient ein Platindraht [92].

Bei Messversion II kann an Stelle des Platindrahts eine mit Gold bedampfte Polycarbonatfolie in die Elektrolytlösung eingetaucht werden (vgl. Abbildung 3.36). Die Idee hierbei ist, die Goldstruktur in einer späteren Entwicklungsstufe direkt auf der Oberseite der Kanalstruktur zu integrieren.

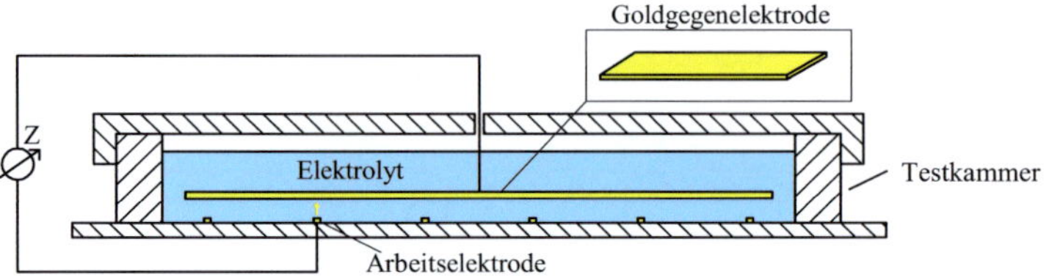



Abbildung 3.36: Schema einer Modifikation von Messversion II. Hier besteht die Gegenelektrode aus einem rechteckigen Stück PC-Folie, das mit Gold bedampft wurde (verändert nach [91]).

## 3.7.5 Elektrodendesign

Das Design muss so gestaltet werden, dass die Arbeitselektroden innerhalb der Kanalstrukturen, die die Blutkapillaren simulieren, liegen. Abbildung 3.37 zeigt die Anordnung der Elektroden in den Kanälen des Chipsystems.

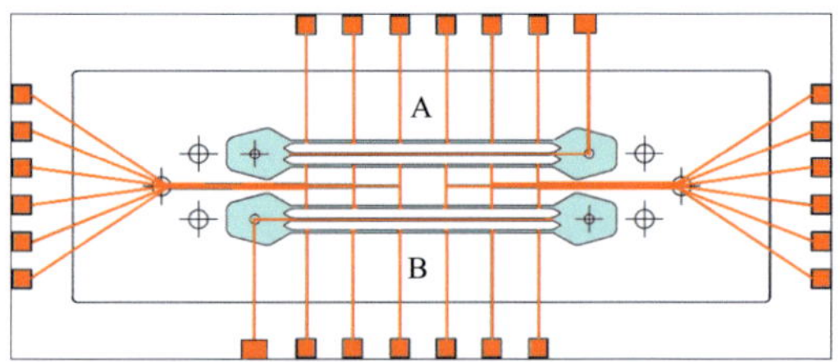



Abbildung 3.37: Darstellung des Elektrodendesigns I im Kanalsystem. Die Messelektroden befinden sich jeweils in den beiden äußeren Kanälen von System A bzw. B und die Gegenelektrode in den mittleren Kanälen (vgl. Abschnitt 3.1).

Die Elektroden werden über schmale Leiterbahnen mit am Rand des Aufbaus befindlichen Kontaktpads verbunden, an die ein Impedanzmessgerät angeschlossen werden kann. Es wurden zwei unterschiedliche Designs konzipiert [91], die sich nur in der Anordnung der Gegenelektroden unterscheiden. Bei Elektrodendesign I sind Arbeitselektrode und Gegenelektrode, bei Elektrodendesign II ist nur die Arbeitselektrode auf der Membran integriert (vgl. Abbildung 3.38).

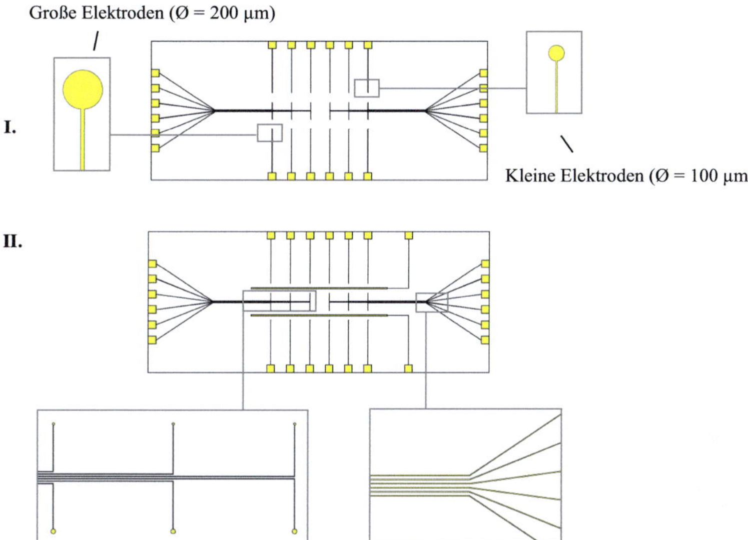


Abbildung 3.38: Schema der beiden Elektrodendesigns (I und II). Insgesamt befinden sich auf der Membran 24 kleine, kreisförmige Arbeitselektroden. Jedes der beiden Kanalsysteme ist mit 12 Arbeitselektroden ausgestattet, die so angeordnet sind, dass in den äußeren Kanälen je 6 Elektroden liegen. Die Arbeitselektroden der beiden Kanalsysteme A und B wiederum unterscheiden sich nur in ihrer Größe. System A enthält Elektroden mit einem Durchmesser von 100 μm, in System B beträgt der Durchmesser 200 μm (vgl. Abbildung 3.38) [92].

Die Größe der Arbeitselektroden beeinflusst das Messergebnis. Laut [18] erlauben kleine Elektroden Aussagen über Barrierefunktion, Zellmembrankapazität und Zell/Substrat-Abstand. Größere Elektroden vergrößern den Umfang der Stichprobe und führen zu einer Reduktion der Schwankungen in der Impedanzkurve. Die Fläche einer Elektrode im System A beträgt:

$$A_A = \frac{\pi d_A^2}{4} \rightarrow d_A = 0,1\,mm \rightarrow A_A = 0,00785\,mm^2 \tag{3.5}$$

und im System B:

$$A_B = \frac{\pi d_B^2}{4} \rightarrow d_B = 0,2\,mm \rightarrow A_B = 0,031\,mm^2 \tag{3.6}$$

Bei einem Durchmesser der Endothelzellen von 20 bis 40 µm ergibt sich so auf den kleinen Elektroden eine Zellanzahl von etwa 20 bis 40 Zellen bzw. 80 bis 150 Zellen auf den großen Elektroden. Ein weiterer Punkt, der beim Design der Elektrodenstrukturen berücksichtigt werden muss, sind die unterschiedlichen Membrandesigns, die sich in ihrer Porendichteverteilung unterscheiden. Die im Blutgefäßkanal strömenden Tumorzellen haften durch einen bestimmten Reiz an den zuvor kultivierten Endothelzellen und bewegen sich nach dem Auffinden einer Pore durch diese hindurch. Die Abbildung 3.39 zeigt die Anordnung der Elektroden in Relation zu den in Abschnitt 3.6.1 definierten Porenbereichen.

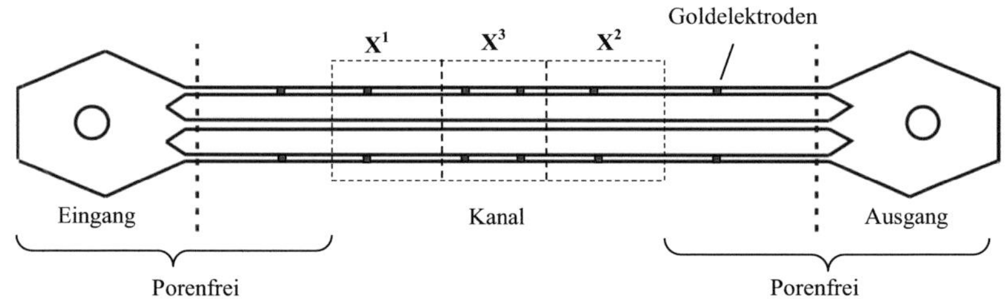


Abbildung 3.39: Anordnung der Elektroden entlang der Blutgefäßkanäle.

Die Kontaktpads am Rand der Membran besitzen Abmaße von $2 \times 2$ mm$^2$ und ermöglichen das Anschließen von Krokodilklemmen, um so die Verbindung zum Impedanzmessgerät herzustellen. Die Elektroden werden über die Leiterbahnen (Breite von 20 µm), die außerhalb der Kanäle verlaufen, mit Kontaktpads verbunden. Das Elektrodendesign II (vgl. Abbildung 3.40) musste für den mikrofluidischen Chip mit zusätzlichen Chemotaxiskanälen geringfügig abgeändert werden, da die Zuleitungen zu den Gegenelektroden ansonsten direkt über dem Fluidanschluss der Chemotaxiskanäle verlaufen wären [93].

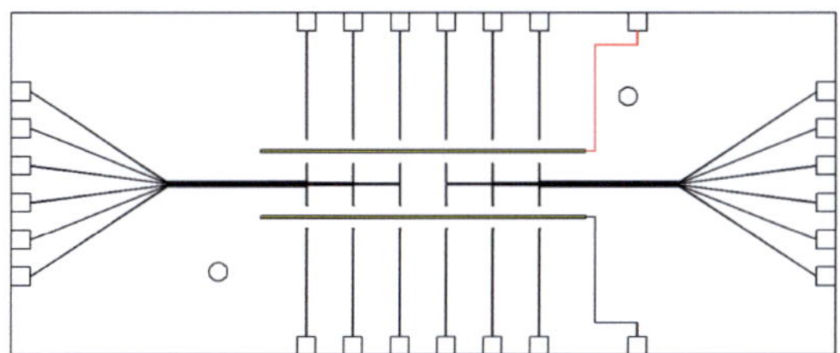

Abbildung 3.40: Optimiertes Elektrodendesign II (vgl. rot markierte Leiterbahn).

### 3.7.6 Strukturierung der Goldelektroden auf der Membranfolie

Dieser Schritt wird in zwei Phasen durchgeführt. Zuerst werden mittels Verbindungstechniken, wie dem thermischen Bonden und Kleben, die Membranfolien auf dem Wafer aufgebracht. Im zweiten Schritt werden die Strukturen lithographisch auf die Membran übertragen.

**Aufbringen der Membranfolien auf den Siliziumwafer**

Zunächst wurde versucht, die Membranfolie durch thermisches Bonden auf einem Siliziumwafer zu fixieren, doch bei der anschließenden, nasschemischen Bearbeitung verliert die Folie die Haftung. Daher wird die Membran auf eine stabilere, in Form des Wafers geschnittene, Folie gleichen Materials gebondet. Diese wird anschließend durch eine doppelseitige Klebefolie auf dem Siliziumwafer angebracht, wobei sich die Klebefolie durch Erhitzen auf eine bestimmte, von der Art der Klebefolie abhängige, Temperatur wieder lösen lässt.

**Strukturierung der Elektroden und der Leiterbahnen mittels Lithographie**

Bevor die Elektroden strukturiert werden, muss ein geeignetes Material für die Isolierung der Leiterbahnen ausgewählt werden. Für die Isolierungsschicht wurden PMMA und AZ-Lack verwendet. Diese Isolierungsschicht wird auf der gesamten Membran, außer auf den Elektroden und Kontaktpads, aufgebracht.

Die Chrommasken für die Strukturierung der Leiterbahnen und Elektroden wurden von der Firma Compugraphics Jena GmbH gefertigt. Sie bestehen aus einem Glassubstrat und einer lichtundurchlässigen Chromschicht. Für die bereits vorgestellten Designs werden verschiedene Chrommasken, mit je einer zugehörigen Maske zur Strukturierung der Elektroden und zur Strukturierung der Isolierungsschicht, benötigt.

Abbildung 3.41 zeigt die einzelnen Fertigungsschritte der Lithographie, die anschließend erläutert werden.

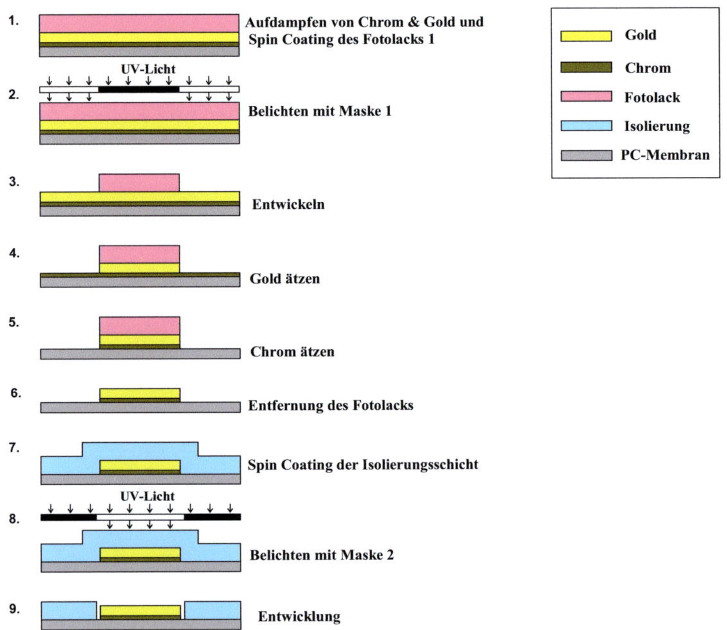


Abbildung 3.41: Darstellung des fotolithographischen Prozesses zur Elektrodenherstellung (verändert nach [92]).

1) Zuerst werden auf die Membran, die auf dem Siliziumwafer angebracht ist, eine Chromschicht von 10 nm und eine Goldschicht von 100 nm aufgedampft. Im nächsten Schritt wird durch das Spin Coating-Verfahren der Positivresist AZ 4533 ganzflächig auf den Wafer aufgeschleudert (Schichtdicke ca. 1 µm). Der hier verwendete AZ-Lack wird bei einer Drehzahl von 3000 rpm für t = 60 s aufgeschleudert. Zur Erzeugung einer

festen Resistschicht wird der Lack gebacken, was nach [94] zum Verdampfen des enthaltenen Lösungsmittels führt. Ein Verkleben des Resists mit der Chrommaske beim Kontaktbelichten wird so vermieden. Weiterhin wird die Resisthaftung am Substrat verbessert, Blasenbildung durch $N_2$ beim Belichten verhindert und der Dunkelabtrag verringert. Der Tempervorgang wird bei 90 °C für t = 5 min durchgeführt.

2) In diesem Schritt wird der Fotoresist durch die Hellfeldmaske, die ein Abbild der gewünschten Elektrodenstrukturen darstellt, belichtet (Dosis: 150 mJ/cm$^2$). Der Fotoresist löst sich an den bestrahlten Bereichen.

3) Die bestrahlten Bereiche der Resistschicht lassen sich durch Entwickeln (Entwicklungszeit: t = 75 s) entfernen.

4) In den weiteren Schritten wird die Goldschicht mittels eines Nassätzprozesses geätzt. Bei dieser Form des Ätzens sorgen wässrige oder organische Lösungen für chemische Reaktionen mit dem zu ätzenden Schichtmaterial und führen durch Lösungsvorgänge von Reaktionsprodukten zum Abtrag des Materials. Zum Ätzen der Goldschicht wird Jod-Kalium-Jodid-Lösung (t = 60 s) verwendet.

5) Jetzt wird die Chromschicht mit Chrome Etch Nr. 3 (t = 10 s) [94] entfernt.

6) Anschließend wird auch der restliche Resist, der seine Funktion als Maske für die Strukturierung der Gold- und Chromschicht erfüllt hat, abgetragen. Dieser Vorgang wird als Stripping bezeichnet, worunter die physikalische und/oder chemische Entfernung des Resists, einschließlich der Reinigung der Substratoberfläche verstanden wird [94].

7) Für die Impedanzmessungen ist es erforderlich, dass auf der Membran nur die Elektroden und Kontaktpads als Goldoberfläche freiliegen und der Rest von einer Isolierschicht bedeckt ist. Dies macht weitere Lithographieschritte erforderlich. Für die Isolierschicht wurden zwei Materialen verwendet: PMMA und AZ-Lack (AZ 4533).

8) Die Belichtung (mit einer Dosis von 150 mJ/cm$^2$) erfolgt durch eine Dunkelfeldmaske, die den Lack an den Stellen, an denen sich Elektroden und Kontaktpads befinden, wieder löslich macht.

9) Im letzten Schritt wird der Resist entwickelt und die Goldoberfläche liegt frei.

### 3.7.7 Ergebnisse der verwendeten Fotolacke und Klebefolien

Das Fertigungsverfahren wurde an mehreren Membranen getestet. Zuerst wurde beim Aufkleben der Membranen auf den Siliziumwafer sogenannten „Thermal-Release-Tape" verwendet, eine Klebefolie, die bei Erhitzen auf 95 °C wieder abgelöst werden kann. Es zeigte sich allerdings, dass sich diese Klebefolien bereits beim Backprozess des AZ-Lackes (90 °C) teilweise ablösten. Dadurch werden die weiteren Fertigungsschritte erschwert und eine justierte Belichtung wird unmöglich gemacht. Für die weiteren Versuche wurden Klebefolien verwendet, die erst bei einer Temperatur von 125 °C ihre Klebekraft verlieren sollen. Allerdings lösten sich auch diese beim Backen des AZ-Lacks partiell ab. Es kam zu keinem signifikanten Einfluss auf die anschließende Elektrodenstrukturierung, sodass insgesamt ein gutes Ergebnis erzielt werden konnte. Probleme ergaben sich jedoch beim anschließenden Aufbringen der Isolierschicht. Beim Aufschleudern des PMMA-Lacks (t = 60 s, U = 5000 min$^{-1}$) wurden die dünnen Leiterbahnen abgerissen. Zudem wurde festgestellt, dass das im PMMA-Lack enthaltene Lösungsmittel Anisol die PC-Membranen angreift und der verwendete Lack somit ungeeignet ist. Aufgrund der oben beschriebenen Probleme beim Aufbringen der Isolierschicht wurde entschieden, auch für diese einen AZ-Lack zu verwenden. Außerdem wurde das Verfahren mit anderen Klebefolien, die einer höheren Temperatur standhalten (170 °C), getestet, um dem lokalen Ablösen entgegenzuwirken. Insgesamt konnte ein Großteil der Strukturen wie gewünscht gefertigt werden. Abbildungen 3.42 bis 3.45 zeigen das Resultat des Lithographieprozesses bzw. der Elektrodenherstellung.

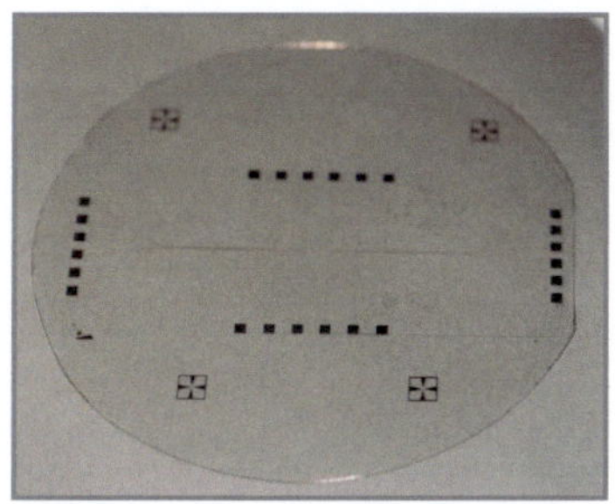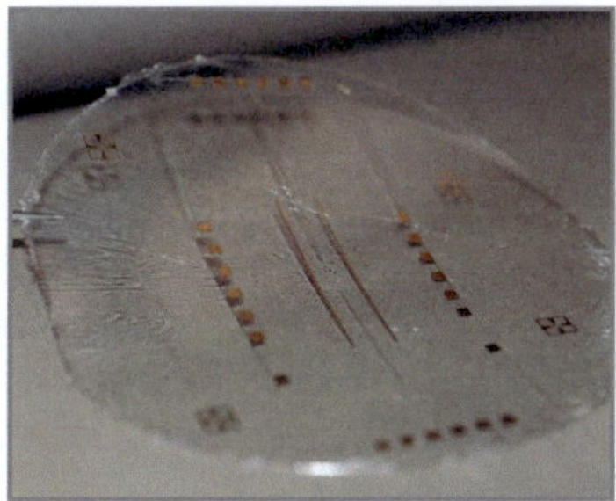

Abbildung 3.42: Aufnahmen der durch Lithographie hergestellten Membranen mit integrierten Elektroden. Links: Membran mit integrierten Elektroden vor dem Aufbringen von PMMA als Isolierschicht. Rechts: Membran nach dem Spin Coating des PMMA. Das Lösungsmittel Anisol greift die Polycarbonatfolie an. Dadurch sind die Folien nicht verwendbar.

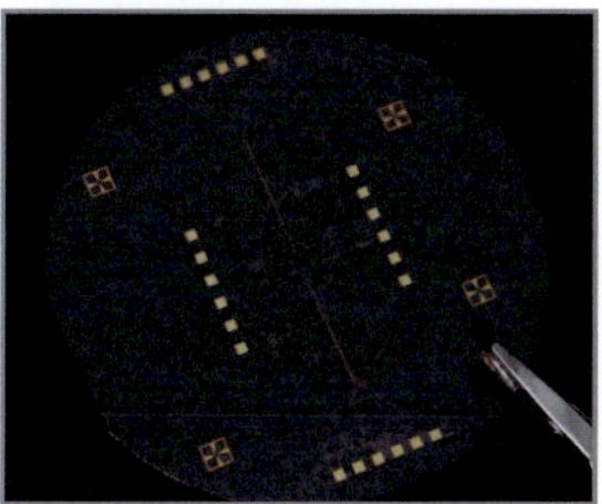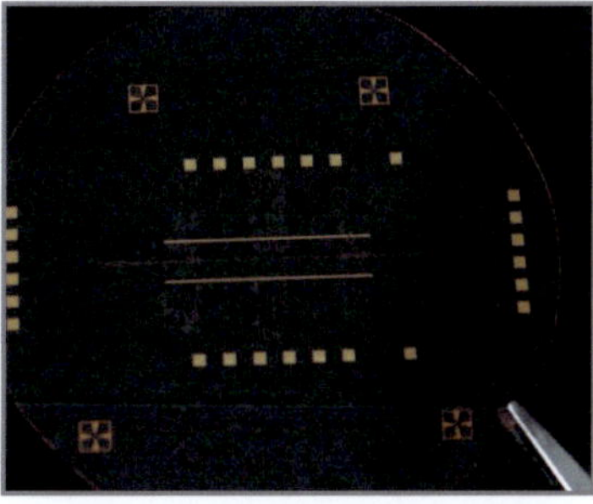

Abbildung 3.43: Aufnahmen der durch Lithographie hergestellten Membranen mit integrierten Elektroden. Als Isolierschicht wurde AZ-Lack verwendet. Links: Elektrodendesign I, bei dem ein Platindraht die Rolle der Gegenelektrode übernehmen soll. Rechts: Elektrodendesign 2, bei dem die Gegenelektrode auf der Membran integriert ist [92].

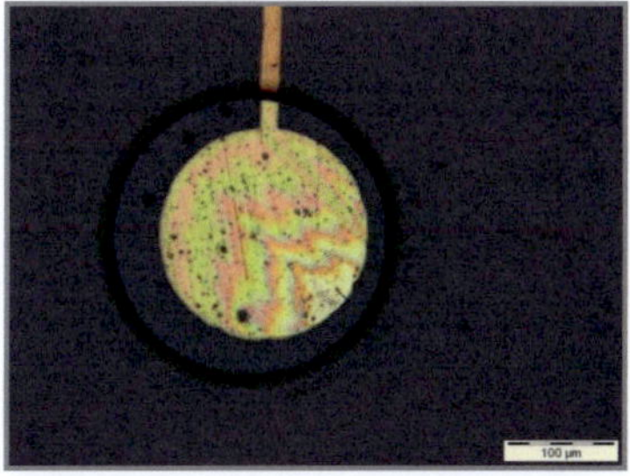

Abbildung 3.44: Lichtmikroskopische Aufnahmen zweier Elektroden. Bei dem Ring um die Elektroden handelt es sich um die Grenzen der Isolierung. Diese Schicht bedeckt die gesamte Membranfläche außerhalb der Elektroden. Links: eine kleine Elektrode aus Gold und Isolierschicht im porösen Bereich (Porendichte: 105/cm2). Rechts: eine große Elektrode. Diese Elektrode liegt im Bereich mit wenigen Poren.

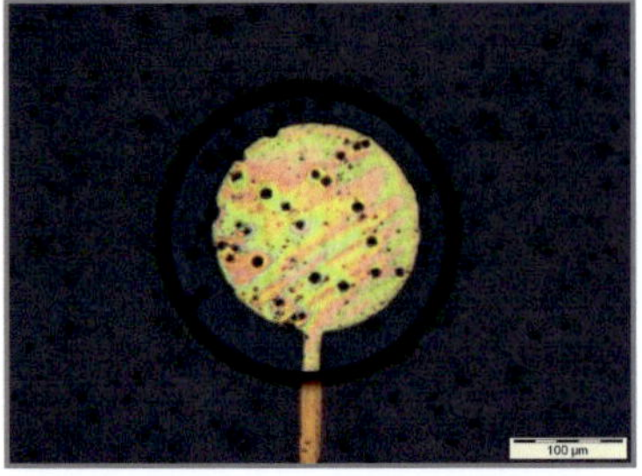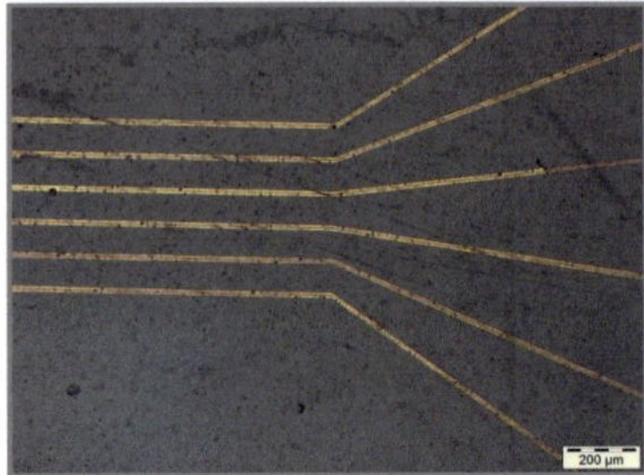

Abbildung 3.45: Lichtmikroskopische Aufnahmen einer großen Elektrode im porösen Bereich (links). Viele Poren sind frei und nur wenige Poren mit Gold verschlossen. Rechts: Aufnahmen der erzeugten Leiterbahnen [92].

## REM-Aufnahmen der Elektroden

Die Membranen wurden im nächsten Schritt mithilfe des REM untersucht (vgl. Abbildung 3.46). Dabei sollte geprüft werden, ob die Poren im Bereich der Goldelektroden frei durchgängig sind. Da dies bei REM-Aufnahmen nicht eindeutig festgestellt werden konnte, wurden zusätzliche lichtmikroskopische Aufnahmen durchgeführt, die zeigten, dass die meisten Poren durchgängig sind. Durch die Isolierschicht ist die Porendurchgängigkeit auf die Bereiche der Elektroden reduziert. Die Tumorzellen haben nur hier die Möglichkeit, die Endothelzellschicht zu durchdringen und durch die Poren der Membran in den darunter befindlichen Gewebekanal zu wandern. Dabei verursachen sie eine Änderung der Impedanz.

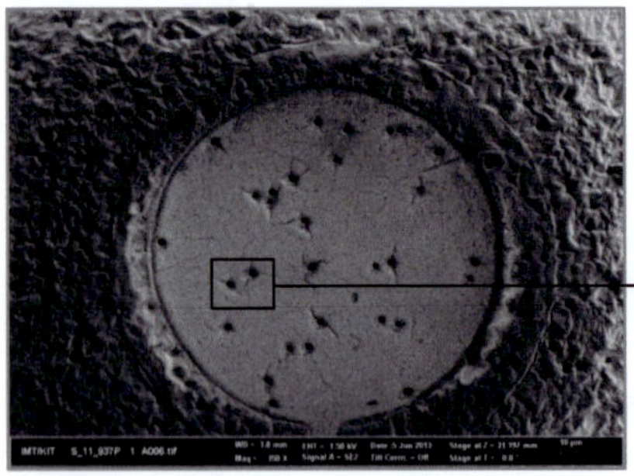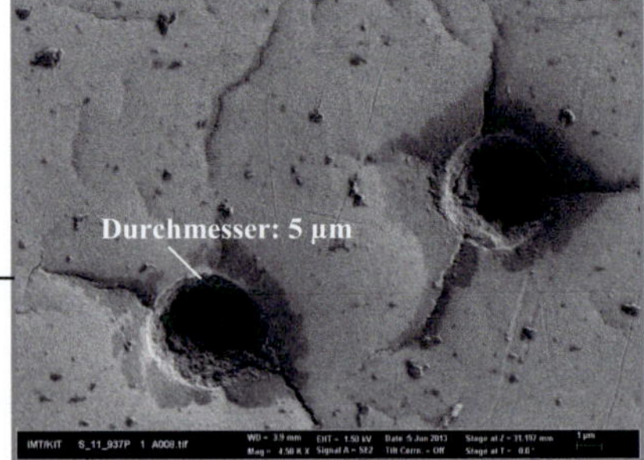


Abbildung 3.46: REM-Aufnahmen einer Elektrode in einem porösen Bereich auf der Membran.

## 3.8 Herstellung einer Membran aus einer Polycarbonat-Lösung

Um Zeit zu sparen und um bei der Herstellung der Goldelektroden auf das Thermal-Release-Tape verzichten zu können, wurde entschieden, die Membran mittels Spin Coating aus einer PC-Lösung herzustellen [95].

### 3.8.1 Vorversuche

Eine wichtige Eigenschaft des Polycarbonats ist, dass es unbeständig gegenüber einigen alkalischen Lösungen wie beispielsweise Ammoniak, sowie gegenüber chlorierten Kohlenwasserstoffen wie Dichlormethan ist. Diese Eigenschaft wurde genutzt, um eine Polycarbonat-Lösung herzustellen. Für diesen Schritt wurden die Makrofol-Folien der Firma Bayer AG in verschiedenen Lösungsmitteln gelöst. Die Auswahl an Lösungsmitteln wird durch mehrere Faktoren begrenzt.

Unter anderem ist wichtig, dass das Lösungsmittel für die genutzten Zellen nicht toxisch wirkt und eine vollständige Verflüchtigung des Lösungsmittels gewährleistet ist. Für Makrofol wurden folgende Lösungsmittel in den Datenblättern der Firma Bayer AG [69] angegeben: Aceton, Dichlormethan, 1,2 Dichlormethan, Chloroform, m-Kresol, Pyridin und 1,3 Dioxolan [96-99]. Ein Vergleich dieser Lösungsmittel erfolgt in Anhang B. Das Lösungsmittel m-Kresol wurde aufgrund der hohen Siedetemperatur, seiner ätzenden Wirkung und seiner Toxizität und 1,3 Dioxolan aufgrund seiner relativ niedrigen Zündtemperatur nicht verwendet. Zum Einsatz kamen stattdessen Dichlormethan, Chloroform und Pyridin.

Für die Bestimmung der optimalen Konzentration der jeweiligen Lösungsmittel wurden die Parameter wie die Viskosität und die Geschwindigkeit des Spin Coaters mit einbezogen. Es wurden mehrere Lösungen unterschiedlicher Konzentrationen bei Raumtemperatur angesetzt: 1% PC, 2% PC, 5% PC, 10% PC und 15% PC. Alle Konzentrationen sind massenbezogen (vgl. Anhang C).

Die Ergebnisse zeigen, dass Aceton und Pyridin nicht in der Lage sind, das Polycarbonat komplett zu lösen. Das Polycarbonat wird unter Einfluss des

Acetons porös und spröde und durch Pyridin zu einer klumpigen und verfärbten Masse. In reinem Chloroform konnte jedoch keine komplette Auflösung des Kunststoffes bei Konzentrationen über 10 % erreicht werden. Allerdings zeigten die Versuche, dass die Lösungen mit niedrigen Konzentrationen extrem schnell verdunsten und sich teilweise bereits nach wenigen Sekunden feste Oberflächen bilden. In Dichlormethan hat sich das Polycarbonat bei allen gewählten Konzentrationen vollständig gelöst und eine homogene Lösung gebildet. Demzufolge wurde Dichlormethan als bestes Lösungsmittel für das Spin Coating identifiziert.

### 3.8.2 Spin Coating

Um mittels Spin Coating eine gleichmäßige Schichtdicke von 20 und 40 μm auf den 4-Zoll Silizium-Wafer zu erzeugen, werden die verschiedenen Konzentrationen der Dichlormethan-Polycarbonat-Lösungen getestet. Die Lösungen werden dabei 60 Sekunden lang mit einer Drehzahl von 1000 rpm auf den Wafer aufgeschleudert. Anschließend werden die beschichteten Wafer für jeweils zwei Minuten auf 50 °C auf der Hot Plate erhitzt, um das Lösungsmittel zu verdampfen.

Die 3 %ige Lösung erzeugte eine Schichtdicke von ca. 900 nm und eine sehr geringe Rauigkeit. Die 10 %ige Lösung erzeugte eine Schichtdicke von ca. 6 μm und ist damit deutlich stabiler, jedoch immer noch zu dünn und nicht stabil genug, um die Goldelektroden sicher zu tragen. Die 20 %ige Polycarbonat-Lösung erzeugte eine Schichtdicke von 28,5 μm, bzw. bei einer Drehzahl von 2000 rpm, eine Schichtdicke von 17 μm. Die rasche Verdunstung bei hoher PC-Konzentration führte allerdings zu inhomogenen Schichten.

Da mit der Dichlormethanlösung keine ausreichende Schichtdicke erzeugt werden konnte und die Eigenschaften der Membran nicht den Erwartungen entsprachen, wurde eine Mischung aus 80 % Dichlormethan und 20 % Chloroform verwendet, um eine 15 %ige PC-Lösung herzustellen, die sich als optimal für das Spin Coating herausgestellt hat. Für diese Mischung muss die Spinphase bereits gestartet werden, bevor die komplette Menge der Lösung auf den Wafer aufgetragen wird, damit das Lösungsmittel nicht genügend Zeit hat, zu verdunsten und das Polymer nicht frühzeitig aushärtet.

### 3.8.3 Haftung der Membran

Die mangelnde Haftung des Polycarbonats am Siliziumsubstrat macht eine weitere Bearbeitung unmöglich. Daher werden für weitere Tests Verfahren untersucht, die die Haftung des Polycarbonates am Siliziumsubstrat erhöhen. Es wurden zwei Möglichkeiten für eine bessere Haftung geprüft:

- Erhöhen der Rauigkeit des Substrates.
- Aufbringen einer Haftvermittlerschicht auf dem Siliziumwafer.

Der Versuch zeigte, dass die erhöhte Rauigkeit in diesem Fall keinerlei Einfluss auf das Ablösungsverhalten des Polycarbonats hatte. Der Versuch mit einem mit Chrom beschichteten Wafer zeigte, dass auch auf den verchromten Flächen des Siliziumwafers das Polycarbonat nach dem Trocknen nicht haftet. Desweiteren wurde UV-Klebstoff (DELO-PHOTOBOND 437) als Haftvermittler getestet. Dieser wurde ca. 5 mm breit am Rand des Wafers aufgetragen. Beim ersten Versuch wurde der Wafer mit UV-Klebstoff beschichtet und nach dem Spin Coating ausgehärtet. Beim zweiten Versuch wurde der Klebstoff vor dem Spin Coating ausgehärtet. Die Versuche haben gezeigt, dass durch UV-Klebstoff eine gute Haftung ermöglicht wird. Der erste Versuch, den Klebstoff nach dem Spincoating auszuhärten, war nicht erfolgreich. Die Polycarbonatmembran löste sich am Rand ab, bevor der Klebstoff ausgehärtet werden konnte. Das beste Ergebnis konnte mit dem vor dem Spin Coating gehärteten UV-Klebstoff erreicht werden.

### 3.8.4 Erzeugung der Poren

Die Poren auf den Membranen wurden bisher mittels Kernspurverfahren und Lasermikrobearbeitung hergestellt. Weiterhin können Poren mittels Sauerstoffätzung (vgl. Abschnitt 3.6.5) auf der geklebten PC-Membran strukturiert werden. Das Sauerstoffätzen wird auf der durch Spin Coating hergestellten Membran angewandt. Dazu wird auf der PC-Membran zunächst Chrom und anschließend Gold aufgedampft. Danach wird darauf ein Photoresist (Positiv-resist AZ-4533) mittels Spin Coating aufgeschleudert und für 5 Minuten bei 90 °C gebacken, um das restliche Lösungsmittel zu entfernen. Dies geschieht bei 3000 rpm für t = 60 s und führt zu Schichtdicken von etwa 5 µm. Im Vergleich zum Prozess in Abschnitt 3.6.5 wird hier mittels eines Laserschrei-bers das Layout für die Poren auf den Photoresist belichtet (vgl. Abbildung 3.47). Die Poren haben jeweils einen Durchmesser von ca. 5 µm und liegen in einem gleichmäßigen Raster von 10 µm × 10 µm (vgl. Anhang D). Wegen der höheren Absorption der 5 µm dicken AZ-Lackschicht, benötigt der Laser-schreiber eine größere Leistung, welche zu konusförmigen Porenstrukturen führt. Aus diesem Grund wurde ein anderer AZ-Lack (AZ-1505) mit niedriger Schichtdicken von 1 µm verwendet.

Abbildung 3.47: Mikroskopische Aufnahmen des AZ-Lacks (AZ-4533) mit Laserschreiber geschriebenen Poren. Links: auf die Oberseite fokussiert, Porenöffnung von 7 µm. Rechts: auf die Unterseite fokussiert, Porendurchmesser von 3 µm.

Danach wird mittels eines Entwicklers der Resist an den belichteten Stellen entfernt. Im nächsten Schritt wird die Goldschicht nasschemisch mittels Jod-Kalium-Jodidlösung (t = 60 s) und die Chromschicht mit Chrom Etch Nr. 3 (t = 10 s) geätzt. Abschließend wird die PC-Membran mit Sauerstoff geätzt. Um die Ätzrate zu bestimmen, wurde in einem Vorversuch eine Membran mit Sauerstoff geätzt. Dabei wurde eine Ätzrate von 6 µm pro Stunde erreicht. Die Abbildung 3.48 zeigt die Ergebnisse der Sauerstoffätzung. Die

Ergebnisse zeigen, dass der Prozess der Sauerstoffätzen des Polycarbonats funktioniert.

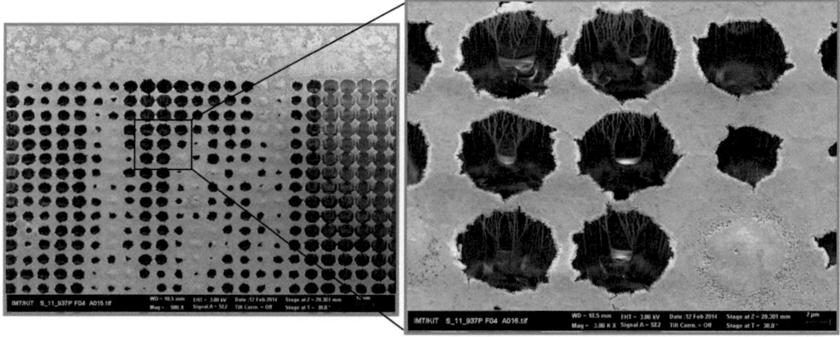

Abbildung 3.48: REM-Aufnahme der Membran nach der Sauerstoffätzung. Es gibt Bereiche in denen die Ätzwirkung zu stark und Bereiche in denen das Gold fast gar nicht geätzt wurde (links). Ausschnittvergrößerung (Betrachtungswinkeln 30°) (rechts). In der Vergrößerung wird deutlich, dass die Seitenwände der Poren durch die ungleichmäßigen Ränder der Goldmaske sehr inhomogen geworden sind

### 3.8.5 Diskussion

Die Ergebnisse zeigen, dass in einer Mischung von 80 % Dichlormethan und 20 % Chloroform bis zu 15 %ige PC-Lösungen hergestellt werden können, aus denen durch Aufschleudern eine stabile Polycarbonat-Schicht auf dem Wafer erzielt werden kann. Mittels Sauerstoffätzen konnten gleichmäßige Poren in die Folien strukturiert werden. Als Ätzmaske wurde bei diesem Verfahren eine Goldschicht verwendet. Diese wurde nasschemisch strukturiert, was aufgrund von Unterätzungen zu unscharfen Randkonturen geführt hat. Gute Ergebnisse sind die erzeugten senkrechten Wände. Zur Verbesserung der Qualität der Porenwände wäre ein Wechsel vom nasschemischen Ätzen mit J/KJ zu einem trockenchemischen Ätzprozess vorteilhaft, welcher allerdings einen dickeren Resist benötigt. Dabei sollte auf eine Lithographie mit Maske zurückgegriffen werden, da eine dickere Resistschicht mit dem Laserschreiber nicht zuverlässig beschrieben werden kann. Erfahrungsgemäß ist die Bearbeitungszeit bei Laserbelichtung bei hoher Porendichte sehr lang. Ein anderes Verfahren wäre ein Lift-off-Prozess, bei dem erst der Fotolack strukturiert und dann die Metallisierung aufgebracht wird.

## 3.9 Verbindung der abgeformten Chipteile durch Thermisches Bonden

Um den kompletten mikrofluidischen Chip aufzubauen, müssen die beiden Gehäusehälften mit den Kanalstrukturen und die Membran miteinander verbunden werden. Dazu wird thermisches Bonden eingesetzt. Dieser Montageschritt ist einer der wichtigsten Aspekte zum Erreichen einer hohen Bauteilstabilität und zum Erhalt eines funktionsfähigen Chipsystems. Zu diesem Zweck kommt die am IMT verfügbare „Bürkle-Heißpresse" zum Einsatz, die sich für das Bonden von flächigen Materialien besonderes eignet. Der Bondprozess wird im Allgemeinen in zwei Schritten durchgeführt. Zunächst wird die Membran mit den Blutgefäßkanälen verbunden und anschließend wird der zweite Chipteil (Gewebekanal) darauf gebondet.

### 3.9.1 Thermisches Bonden mit gefrästen Chipteilen

Mithilfe der von der Firma Bürkle bereitgestellten Gleichung und Tabelle (vgl. Anhang E), erfolgte die Berechnung der notwendigen Presskraft. Je nach Resultat der Presskraft wird aus der in Anhang G genannten Tabelle der Einstelldruck für die Maschine abgelesen. Die optimalen Parameter wurden durch Bondversuche in einer vorherigen Arbeit [27] ermittelt (vgl. Tabelle 3.2).

Tabelle 3.2: Verwendete Parameter für das Bonden der gefrästen Teile [27]

| Thermisches Bonden | Temperatur [°C] | Druck [bar] | Zeit [min] |
|---|---|---|---|
| Schritt 1 | 138 | 0.9 | 10 |
| Schritt 2 | 135 | 1.5 | 15 |

Bei [27] kam es beim Bonden zu einem Versatz der Kanäle. Demzufolge wurde ein Justierhilfsmittel aus Messing verwendet, um einen mögliche Kanalversatz zu vermeiden (vgl. Abbildung 3.49).

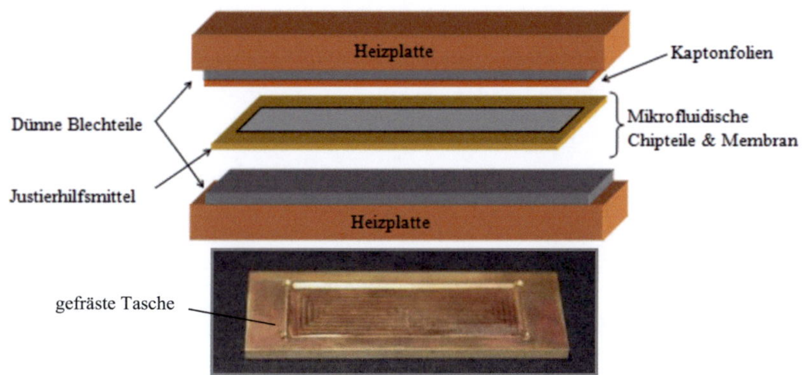



Abbildung 3.49: Darstellung des Schichtaufbaus beim Bondprozess (oben). Die obere Heizplatte ist fest fixiert, wobei sich die untere Platte nach unten (beim Beginn des Prozesses) bzw. nach oben (Ende des Prozesses) bewegt. Unten: Darstellung des Justierhilfsmittels. Die Abmessungen der gefrästen Tasche entsprechen der Größe des Chipsystems.

Insgesamt wurden zehn Chipsysteme hergestellt. Bei allen erzeugten Teilen konnte durch eine visuelle Prüfung ein gleichmäßiges Bonden nachgewiesen werden (vgl. Abbildung 3.50).

Abbildung 3.50: Ergebnis des mikrofluidischen Chips nach dem Bondprozess. Die hier verwendete Membran besitzt einen Porendurchmesser von 5 µm und eine Porenverteilung von 105/cm2.

### 3.9.2 Thermisches Bonden mit abgeformten Chipteilen

Im nächsten Schritt wurden die abgeformten Chipteile thermisch gebondet. Wegen unterschiedlicher Dicke und Fläche der Teile gegenüber den gefrästen Teilen, mussten in einem ersten Schritt die Parameter für Druck und Zeit neu ermittelt werden. Abbildung 3.51 zeigt den Versuchsaufbau für das thermische Bonden von abgeformten Chipteilen. Hierbei wurden verchromte Stahlplatten und eine Silikonmatte verwendet. Die verchromten Platten garantieren eine glatte Oberfläche mit sehr geringer Rauigkeit und die Silikonfolie eine gleichmäßige Kraftverteilung. Um den Kanalversatz zu vermeiden, wurden Markierungen auf den Chipteilen angebracht. Da die nach der Abformung überstehenden Restschichten manuell durch Abschneiden entfernt werden müssen, können die Außenkonturen nicht exakt eingehalten werden. Dadurch ist der Einsatz des im Abschnitt 3.9.1 beschriebenen Justierhilfsmittels nicht möglich.

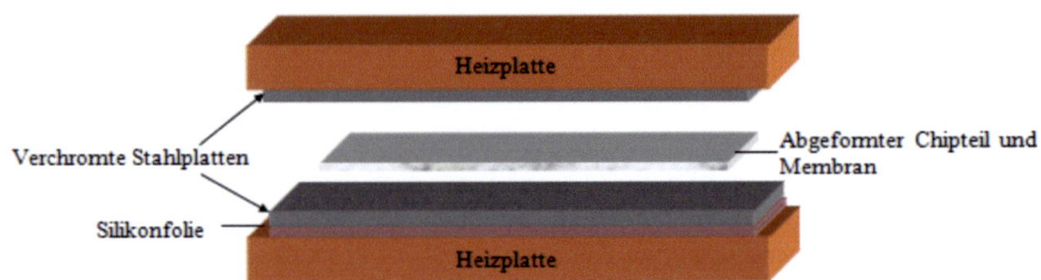


Abbildung 3.51: Darstellung des modifizierten Bondprozesses. Die obere Heizplatte ist fest und nur die untere ist beweglich.

Alle gebondeten Teile wurden mittels visueller Prüfung untersucht. Die Ergebnisse werden in Tabelle 3.3 erläutert. Da die Resultate nicht den Erwartungen entsprachen, wurde in den folgenden Versuchen der Druck variiert. Die Ergebnisse des Bondens im ersten Schritt (T = 138 °C, P = 1 bar und t = 15 min) waren für alle Teile gleich, deshalb ist in Tabelle 3.3 nur der zweite Bondschritt bewertet.

Tabelle 3.3: Bewertung des zweiten Bondschrittes.

| Thermisches Bonden | | | |
|---|---|---|---|
| Temperatur [°C] | Druck [bar] | Zeit [min] | Resultate von insgesamt 20 untersuchten Chipsystemen |
| 135 | 1,8 | 20 | optisch gleichmäßiges Bondergebnis, leicht lösbare und undichte Verbindung |
| 136 | 1,6 | 20 | optisch gleichmäßiges Bondergebnis undichte Verbindung |
| 136 | 2 | 20 | gutes Bondergebnis mit leicht eingesunkenen Kanälen |
| 136 | 2,5 | 20 | sehr gutes Bondergebnis mit leicht eingesunkenen Kanälen, stabile Verbindung ohne Undichtigkeit |

### 3.9.3 Thermisches Bonden in einem Schritt

Um einen Vergleich zwischen dem Bonden in einem und dem in zwei Schritten herauszuarbeiten, wurden entsprechende Versuche mit der Bürkle-Presse und der Vakuumheißpräge-Anlage WUM2 (vgl. Abbildung 3.52) durchgeführt. Die Parameter Zeit und Druck mussten dazu variiert werden. Als optimal erwiesen sich die nachfolgenden Parameter: Kraft: 12,8 kN, Temperatur: 136 °C und Zeit: 20 min. In Tabelle 3.4 werden die Ergebnisse des Vergleichs beider Methoden gezeigt, mithilfe derer die Chipteile in einem einzigen Verfahrensschritt gebondet werden können.

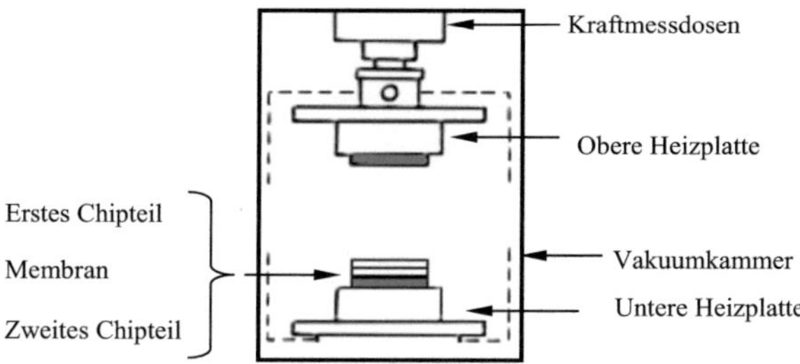


Abbildung 3.52: Schematische Darstellung der Vakuumheißprägeanlage WUM2 (verändert nach [100]

Tabelle 3.4: Vergleich des „Bondens in einem Schritt" an den beiden IMT-Anlagen.

| Thermisches Bonden | | |
|---|---|---|
| Bürkle | Parameter | Ergebnisse |
| | T = 140 °C, p = 1,6 bar, t = 20 min | Bondverbindung ungleichmäßig, Teile leicht voneinander lösbar |
| | T = 140 °C, p = 2 bar, t = 20 min | gutes Bondergebnis |
| | T = 140 °C, p = 2,5 bar, t = 20 min | sehr gutes Bondergebnis, Kanäle des unteren Teils sehr stark eingesunken |
| WUM2 | T = 136 °C, F = 20 kN, t = 20 min | sehr gute Bondverbindung, Kanäle leicht deformiert (vgl. Abbildung 3.53) |

**REM-Untersuchungen der mit der WUM2 gebondeten Chipteile**

Durch REM-Aufnahmen konnte eine Absenkung und Verformung der Kanalseitenwände festgestellt werden. Die ursprüngliche Höhe der Kanalwand betrug 100 µm. Die Absenkung wurde durch die Kombination von thermischer und mechanischer Belastung verursacht. Abbildung 3.53 zeigt die REM-Aufnahmen des Gewebekanals.

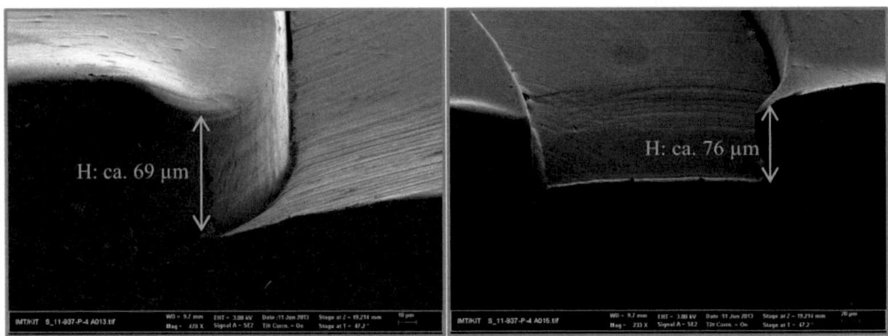


Abbildung 3.53: REM-Aufnahmen des Querschnitts des Gewebekanals eines mikrofluidischen Chips nach dem thermischen Bondprozess mit der WUM2. Zur Präparation wurden die Membran und das obere Chipteil demontiert. Zu erkennen ist eine Absenkung im Bereich der Kanalseitenwände, deren ursprüngliche Höhe 100 µm betrug. Links: ca. 450-fache Vergrößerung. Rechts: ca. 250-fache Vergrößerung.

## 3.10 Fluidische Kontaktierung

Um mit den mikrofluidischen Chipsystemen Experimente durchführen zu können, müssen die Kanäle mit Medien und Zellen befüllt werden. Dazu sind fluidische Anschlüsse in Form von eingeklebten Schläuchen bzw. Adaptoren, an die die Schläuche angeschlossen werden können, erforderlich. Die Adaptoren werden auf das Chipteil durch Kapillarkleben aufgebracht. Als Klebstoff wurde DELO-PHOTOBOND 437 verwendet. Nach der Verteilung des Klebstoffes wurde dieser durch UV-Strahlung ausgehärtet. Anschließend wird das Schlauchset eingeklebt. Nach dem Einpressen der Schläuche in die Löcher wird der Klebstoff auf den Rand der Schläuche aufgetragen und anschließend mit UV-Strahlung ausgehärtet. Das Aushärten des Klebstoffes muss sehr schnell verlaufen, sodass kein Klebstoff in flüssiger Form die Kanäle erreichen und diese verstopfen kann. Jeweils zwei Adaptoren und zwei Schlauch-sets wurden für einen mikrofluidischen Chip verwendet. In [27] wurden zur Befüllung der unteren Kanäle PVC-Schläuche mit einem Außendurchmesser von 2 mm und zur Befüllung der oberen Kanäle PTFE-Schläuche mit einem Durchmesser von 1,2 mm verwendet (vgl. Abbildung 3.54, linkes Bild a). Bei den ersten Versuchen traten technische Probleme auf, wie die ungleichmäßige Befüllung des Chipsystems und undichte Klebstellen an den Adaptoren. Zur Verbesserung der Befüllung der Kanäle wurde in Kooperation mit der Firma RoweMed AG (Parchim) ein neues Schlauchset hergestellt. Dieses enthält ein nadelfreies Ventil (vgl. Abbildung 3.54, rechtes Bild), sodass auf die Ver-wendung von Klemmen verzichtet werden kann und die Kanäle nach der Befüllung des Chipsystems dicht verschlossen bleiben. Um Undichtigkeiten an Klebestellen bei den Adaptoren zu vermeiden, wurden achteckige Adapto-ren (vgl. Abbildung 3.54, linkes Bild b) verwendet. Durch die neue Geometrie wird die Verteilung des Klebestoffs aufgrund der Kapillarkräfte verbessert, da die Wege, die der Klebstoff zurückzulegen muss, verkürzt werden.

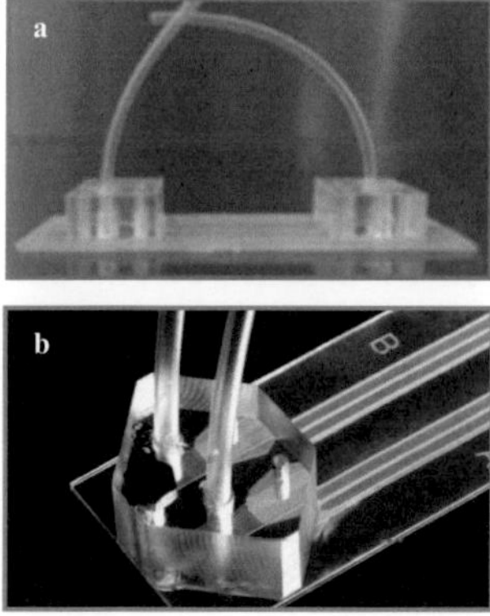

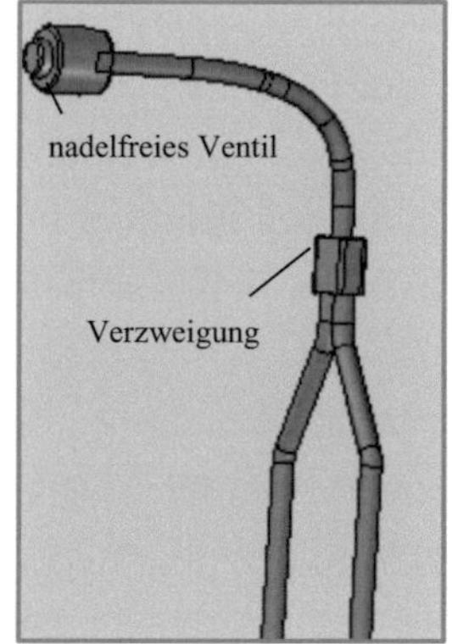


Abbildung 3.54: Links: Aufnahmen des mikrofluidischen Chips mit PVC-Schläuchen und viereckige Adaptoren (a) und mit optimierten Adaptoren (b). Rechts: Das entwickelte Schlauchset in einer 3D-Darstellung. Das Schlauchset besitzt ein nadelfreies Ventil (grün gezeichnetes Element), welches durch Einführen der Spritze geöffnet und beim Entfernen der Spritze wieder verschlossen wird. Im weiteren Verlauf verzweigt der Schlauch in zwei kleinere Schläuche.

## 3.11 Mikrofluidischer Zweikammer-Chip

Das hier entwickelte Chipsystem dient der gezielten Tumorforschung als Ausgangssystem für die Analyse des biologisch-medizinischen Phänomens der „Extravasation der Tumorzellen aus dem Blutgefäßsystem" mittels optischer Mikroskopie (vgl. Abbildung 3.55). Gleichzeitig wird mithilfe von integrierten Mikroelektroden auf der Membran eine Impedanzmessung an den zu untersuchenden Endothel- bzw. Tumorzellen ermöglicht. Das mikrofluidische Zweikammer-Chipsystem simuliert das menschliche Kapillarsystem, bzw. die Blut-Gewebe-Schranke. Die obere Ebene enthält zwei voneinander isolierte, beinahe identische Systeme (im Folgenden als System A bzw. B bezeichnet), die unabhängig voneinander befüllt und beobachtet werden können und die sich nur in der Höhe der Kapillarkanäle unterscheiden [101].

Wird auf der Membran eine Endothel-Monolayer-Zellschicht kultiviert, bilden die beiden Komponenten Membran und Endothelzellen das technisch-biologische Äquivalent zur menschlichen Kapillarwand. Über seitlich auf der oberen Ebene angebrachte und mit Schläuchen versehene Adaptoren, die über Ein- und Auslassbohrungen mit den Kanälen verbunden sind, kann dem System Flüssigkeit zugeführt werden und mithilfe angeschlossener Pumpen ein definierter Scherfluss erzeugt werden. So werden in einem ersten Schritt Endothelzellen auf der Membran kultiviert. Nach erfolgreichem Zellwachstum kann dann das Kapillarkanalsystem in einem zweiten Schritt mit einer Lösung, die Tumorzellen enthält, befüllt werden. Durch Anfärben der Zellen und anschließende optische Detektion der Vorgänge im Chipsystem mithilfe der Fluoreszenzmikroskopie, kann einerseits das Adhäsionsvermögen der Endothelschicht auf der Membran und andererseits das Durchdringen der Endothelzellschicht von den Tumorzellen beobachtet werden. In Kapitel 5 werden alle durchgeführten medizinischen Experimente zusammengefasst dargestellt.

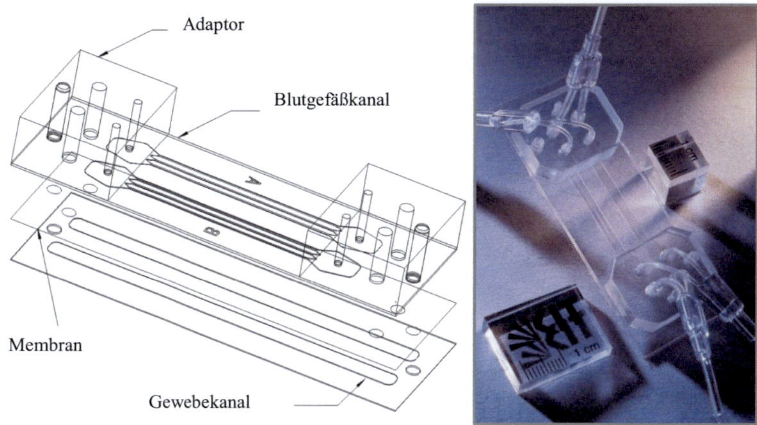


Abbildung 3.55: Links: Schema des mikrofluidischen Chips mit unterschiedlichen Ebenen und montierten Adaptoren. Rechts: Aufnahme des mikrofluidischen Gesamtsystems[14]

---

[14] Deutsches Patent: DE 10 2011 112 638 B4

# 4 Simulation des Strömungsverhaltens von Tumorzellen im mikrofluidischen Chip

Das Fließverhalten von Tumorzellen innerhalb des Kanalsystems des mikrofluidischen Chips wurde unter Verwendung von ANSYS FLUENT, basierend auf Parametern wie Gewicht, Durchmesser und Volumenstrom der Krebszellen, sowie Dichte und Viskosität des Bluts, numerisch simuliert. Außerdem wurde der Einfluss der Poren auf die Blutströmung bewertet. Um die Bearbeitungszeit zu verkürzen, wurde für das Simulationsmodell das Kanalsystem in drei Zonen, den Eingangs-, den Ausgangs- und den Kanalbereich, aufgeteilt.

## 4.1 Anforderung an die Simulation

### 4.1.1 Flüssigkeiten im Mikrobereich

Wie schon erwähnt wurde, ist das Verhalten der Flüssigkeiten im Mikrobereich sehr komplex. Die folgende Beziehung zwischen der Scherrate und der Scherdehnung ist linear und gilt nur, wenn die Scherdehnung klein ist. Ist die Scherdehnung mehr als doppelt so groß wie die Scherrate, tritt die Nichtlinearität auf.

$$\tau = \sigma \sqrt{\frac{M}{\varepsilon}} \tag{4.1}$$

$$\dot{\gamma} \geq \frac{2}{\tau} \tag{4.2}$$

M = molekulare Masse, $\varepsilon$ = charakteristische Energie, $\sigma$ = charakteristische Länge und $\tau$ = charakteristische Zeitkonstante.

Die kritische Scherdehnung $\dot{\gamma}$ ist so groß, dass sie nicht in den mikrofluidischen Systemen auftritt (vgl. Abschnitt 2.3). Aufgrund der Kapillarität wird eine Flüssigkeit unter der Wirkung der eigenen Oberflächen- bzw. Grenzflächenkräfte so bewegt, wie es auch bei einem über das fluidische System bestehenden Druckunterschied möglich wäre. Die Kapillarität wird durch drei Parameter beeinflusst [43]:

- Grenzflächenspannung,
- Geometrie der Grenzfläche zwischen den Phasen,
- Geometrie der festen Phase an der Grenzlinie zwischen den Phasen.

### 4.1.2 Randbedingungen

Blut besteht aus Plasma und Zellen (rote Blutkörperchen ($\emptyset$ = 7 µm)) und weißen Blutkörperchen (Durchmesser von 7 bis 20 µm). Plasma besteht zu 90 % aus Wasser und zu 7 % aus Proteinen. Die restlichen 3 % sind anorganische Substanzen wie Natrium, Kalium, sowie andere organische Substanzen [61]. Da im Blut das Plasma und die Zellen vermischt sind, zeigt Blut ein nicht-newtonsches Verhalten. Der Unterschied zwischen newtonschen und nicht-newtonschen Medien wird durch die Änderung der dynamischen Viskosität (auch Zähigkeit) in Abhängigkeit von der Scherrate beschrieben. Bei newtonschen Medien ist die Zähigkeit unabhängig von der Scherrate immer konstant. Bei nicht-newtonschem Verhalten sinkt die dynamische Viskosität mit steigender Scherrate. Bei Blut ist die Änderung der Zähigkeit abhängig von der Scherrate, welche durch folgende Gleichung beschrieben wird [61, 102]:

$$\eta \cdot \frac{du}{dy} = \eta \cdot \dot{\gamma} \qquad (4.3)$$

$$\eta = v \cdot \rho \qquad (4.4)$$

$\eta$ dynamische oder absolute Zähigkeit [Ns/m$^2$], $v$ : kinematische Zähigkeit [m$^2$/s], $\rho$ : Dichte [kg/m$^3$] und $\dot{\gamma}$ : Scherrate [s$^{-1}$].

Die Ursache für die Abnahme der Zähigkeit mit zunehmender Scherrate ist das Verhalten der Strukturen, die sich aus den roten Blutkörperchen bei geringer Scherrate bilden. Nach dem Modell von Gauer (vgl. Abbildung 4.1) [103], nähert sich die Viskosität des Blutes für höhere Scherraten einem newtonschen Fluid (vielfach verwendet: Wasser-Glyzerin-Gemisch) an. Dies führt zu der ersten Randbedingung:

$$\dot{\gamma} = \frac{du}{dy} \geq 10^3.$$

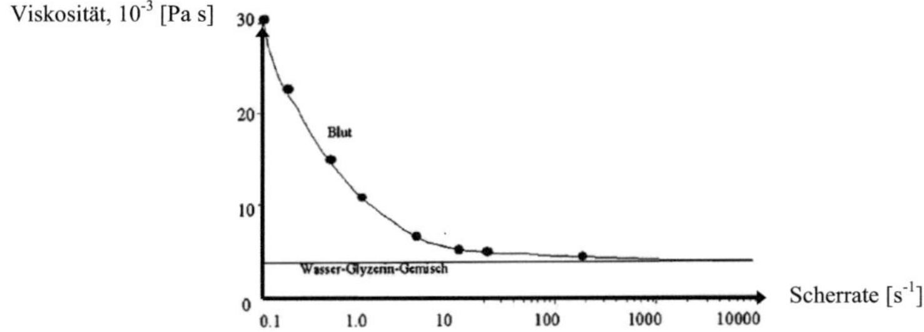


Abbildung 4.1: Graphische Darstellung des Gauer-Modells für die Erläuterung der Blut-viskosität. Die Viskosität des Blutes für höhere Scherraten nähert sich ab ca. 103 s-1 einem newtonschen Fluid (Wasser-Glyzerin-Gemisch) an (verändert nach [103]).

Um weitere Randbedingungen für die Simulation festzulegen, wird zuerst die charakteristische Zeitkonstante des Plasmas berechnet. Dafür werden die Werte des Wassers (Plasma besteht aus 90 % Wasser) angenommen. In Tabelle 4.1 sind die Parameter für die Berechnung der Zeitkonstante zusammengestellt.

Tabelle 4.1: Verwendete Parameterwerte für die Berechnung der charakteristischen Zeitkonstante

| | | |
|---|---|---|
| Bindungsenergie [J] | $\varepsilon$ | $3,5 \cdot 10^{-21}$ |
| Masse [kg] | $M$ | $3 \cdot 10^{-26}$ |
| Moleküldurchmesser [m] | $\sigma$ | $3 \cdot 10^{-10}$ |

Nach dem Einsetzen der Parameter in die Gleichung (4.1) ergibt sich daraus die folgende zweite Randbedingung: $\dot{\gamma} \geq 2,3 \cdot 10^{12} s^{-1}$

Daher wird das Fluid im Bereich der Scherraten von $10^3 \leq \dot{\gamma} \leq 2,3 \cdot 10^{12}$ als newtonsches Fluid bewertet.

### 4.1.3 Berechnung der Scherrate

Die Scherrate soll entsprechend der Form der fluidischen Kanäle berechnet werden. Das hier verwendete Chipsystem enthält einen rechteckigen Kanal. Nach [61] wird für einen rechteckigen Kanal folgende Gleichung benutzt:

$$\dot{\gamma} = \frac{6 \cdot \dot{V}}{b \cdot h^2} \tag{4.4}$$

mit $\dot{V}$ : Volumenstrom [ml/h], $b$ : Breite [µm] und $h$ : Höhe [µm] (vgl. Tabelle 4.2).

Tabelle 4.2: Parameter für die Berechnung der Scherrate für einen rechteckigen Kanal

| Volumenstrom | $\dot{V}$ | max.: 1019 ml/h<br>min: 5,8 ml/h |
|---|---|---|
| Breite | $b$ | 300 µm |
| Höhe | $h$ | 85 µm |

Nach dem Einsetzen der Werte in Gleichung (4.4) ergeben sich $\dot{\gamma}_{min} = 4{,}459 \times 10^3$ s$^{-1}$ und $\dot{\gamma}_{max} = 7{,}835 \times 10^5$ s$^{-1}$.

Die berechneten Werte befinden sich im Bereich der oben erwähnten Randbedingungen, welche das Verhalten des hier verwendeten Fluids als newtonsches Medium mit konstanter Viskosität bestätigt.

### 4.1.4 Bestimmung der Simulationsparameter

Für die Simulation werden folgende Parameter eingesetzt (vgl. Tabelle 4.3):

- Gewicht der Zellen,
- Durchmesser der Zellen,
- Strömungsgeschwindigkeit,
- Anzahl der Zellen,
- Viskosität des Bluts,
- Dichte des Bluts.

Tumorzellen haben die Eigenschaft, ihre Größe und Geometrie an die zu überwindende Barriere anzupassen. Das Blut verhält sich im verwendeten Chipsystem als newtonsches Medium. Aus diesem Grund ist die Blutviskosität konstant.

Tabelle 4.3: Verwendete Parameter für die Simulation

| | |
|---|---|
| Masse einer Zelle $M_t$ | 5 ng |
| Durchmesser der Zelle $D_t$ | 5 µm |
| Blutdichte $\rho_b$ | 1060 kg/m$^3$ |
| Blutviskosität $\eta_b$ | 0,01 kg/ms |

## 4.2 Modellierung und Simulation unter Einfluss der Poren

### 4.2.1 Simulation des Verhaltens der Blutströmungen

Mit dieser Simulation wird der Einfluss der Porenanzahl und der Poren-durchmesser auf das Verhalten der Strömung des Blutes berechnet. Zur Durchführung der Simulation wurde das System in zwei einfachen Designs jeweils mit 7 × 7 bzw. 7 × 4 Poren modelliert, wobei die ursprünglichen Eigenschaften nicht verloren gehen dürfen (vgl. Tabelle 4.4 und Abbildung 4.2).

Tabelle 4.4: Parameter für die Modellierung unter dem Einfluss der Poren

| | |
|---|---|
| Kanalbreite $b_K$ | 300 µm |
| Kanalhöhe $h_K$ | 100 µm |
| Kanallänge $l_K$ | 350 µm |
| Porendurchmesser $D_M$ | 5 µm |

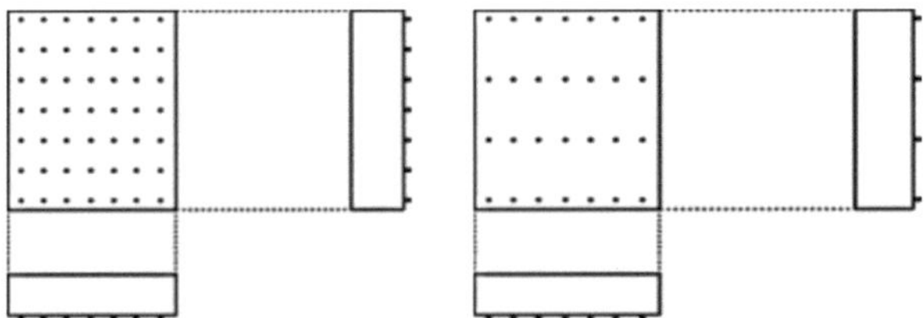

Abbildung 4.2: Schematische 2D-Darstellung des modellierten Profils für die Simulation. Links: das Modell mit 49 Poren. Rechts: das Modell mit 28 Poren.

Um den Einfluss der Poren auf die Blutströmung zu simulieren, wurden die beiden Modelle bei Geschwindigkeiten von 0,01 m/s betrachtet. Die Simula-tionsergebnisse in Abbildung 4.3 zeigen, dass die Poren einen sehr kleinen

Einfluss auf die Strömung haben. Trotz der geringen Fläche der Poren ist eine im Gegensatz zum parabolischen, laminaren Strömungsprofil erhöhte Strömungsgeschwindigkeit im Wandbereich zu erkennen. Im linken Bild ist durch die höhere Porenanzahl eine größere mittlere Strömungsgeschwindigkeit im Wandbereich zu erkennen, als im rechten Bild.

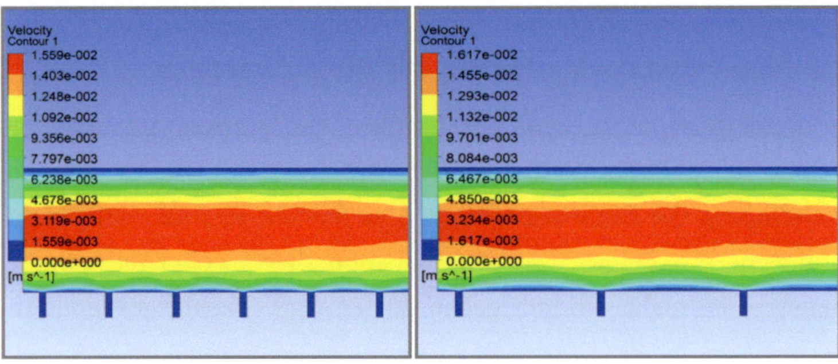


Abbildung 4.3: Die Simulationsergebnisse des Chipsystems mit einer Geschwindigkeit von 0,01 m/s im Querschnitt. Links: Modell mit 49 Poren. Rechts: Modell mit 28 Poren. Das Blut fließt von links nach rechts. Im Bereich der Poren ist eine Restgeschwindigkeit vorhanden (verändert nach [61]).

### 4.2.2 Simulation der Zellströmung

Die Simulation der Strömung, einschließlich der Zellen, wurde mit dem Modell mit 49 Poren durchgeführt. Bei der Zellströmung ist es wichtig, die Zelldosierungen so auszuwählen, dass eine optimale Übereinstimmung der Simulationsberechnungen mit den experimentell erzielten Ergebnissen gewährleistet werden kann. Bei den medizinischen Experimenten werden normalerweise ca. 10 Mio. Tumorzellen in den Kanal appliziert, dies führt zu einer sehr langen Simulationsdauer. Die Simulation der Zellenverteilung wird daher mit einer Dosierung von 100.000 Zellen gestartet, die als Partikel betrachtet werden. Die Blutgeschwindigkeit beträgt 0,5 mm/s und der Porendurchmesser liegt bei 5 µm. Abbildung 4.4 veranschaulicht die Zellströmung des Modells mit 49 Poren zu unterschiedlichen Zeitpunkten. Die Ergebnisse zeigen, dass sich die Partikel mit der Zeit an der seitlichen Wand anhäufen.

Die an der Wand befindlichen Partikel haben wegen der Haftung und der langsamen Geschwindigkeit nur sehr geringe Bewegungsmöglichkeiten [70]. Die Partikel verteilen sich mit der Zeit aufgrund der Diffusion, wie es in der Abbildung 4.5 links dargestellt ist.

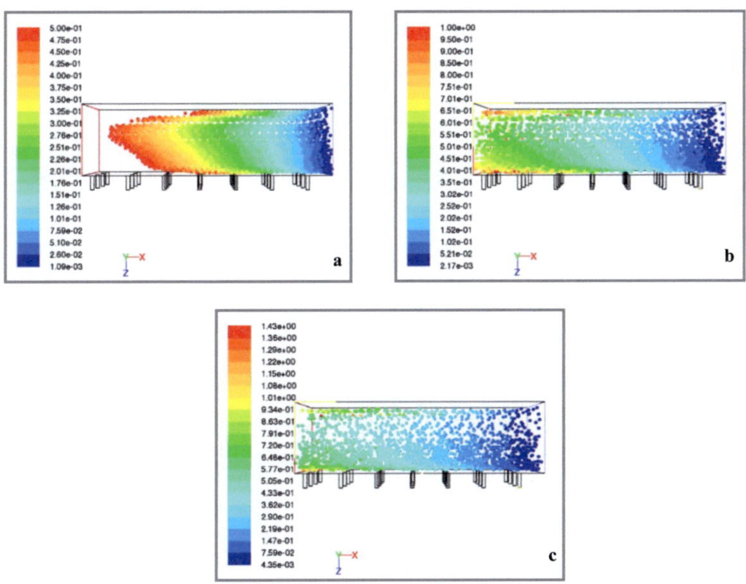

Abbildung 4.4: Simulationsergebnisse der Zellen nach Modell 1 zu unterschiedlichen Zeitpunkten. Schnitt längs zum Kanal. a (0,5 s), b (1 s) und c (2 s). Die Farbskala zeigt den Zeitverlauf (blau-rot). a-c zeigen einen Abschnitt aus dem Kanalbereich (verändert nach [61]).

Mit der Gleichung (4.5) kann der Diffusionsvorgang errechnet werden [61].

$$\sigma^2 = 2 \cdot D \cdot t_m \tag{4.5}$$

Mit $\sigma$: Abweichung [m$^2$], $D$: Diffusionskoeffizient [m$^2$/s] und $t_m$: mittlere Diffusionszeit [s].

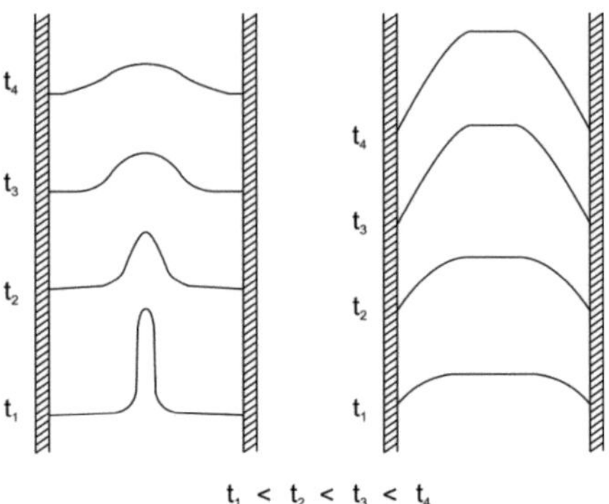



$$t_1 < t_2 < t_3 < t_4$$

Abbildung 4.5: Darstellung des Diffusionsvorgangs (links) und des Geschwindigkeitsprofils (rechts) in der zeitlichen Veränderung. Die an der Wand befindlichen Zellen haben wegen der Haftung und der langsamen Geschwindigkeit des Blutes sehr eingeschränkte Bewegungsmöglichkeiten.

## 4.3 Modellierung und Simulation ohne Poren

Die geometrische Höhe des Kanals wird auf 80 % reduziert, da der Kanalboden (Membran) während der biologischen Experimente mit Gelatine (ca. 2 bis 5 µm) und einer Monoschicht mit menschlichen Endothelzellen (ca. 15 µm) beschichtet wird (vgl. Abbildung 4.6) [70].

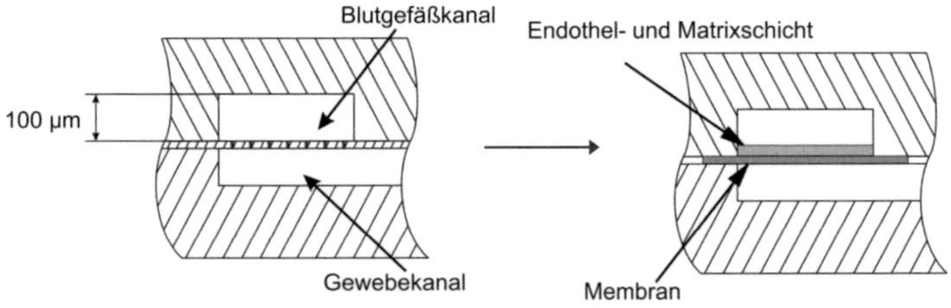



Abbildung 4.6: Querschnitt durch das Kanalsystem. Links: Kanalhöhe ohne Endothelzellschicht. Rechts: Mit Endothelzellschicht. Hier beträgt die Kanalhöhe nur noch 80 µm.

Die numerische Simulation wurde im Vergleich zu Abschnitt 4.2.2 diesmal mit 160.000 Zellen, die als Partikel definiert wurden, durchgeführt. Die Simulationsdauer betrug für jede einzelne Zone 600 s (vgl. Abbildung 4.7). Die Zellen, die die Eingangszone verlassen konnten, erreichten in der nächsten Simulationsphase das Kanalsystem. Jedoch war die Verteilung der Partikel über die einzelnen Kanäle sehr heterogen mit einer Anhäufung innerhalb des zentralen Kanals. Dies wird durch vektorielle Simulationsergebnisse in Abbildung 4.8 dargestellt.

Wie schon anhand des Geschwindigkeitsprofils (vgl. Abbildung 4.5) erklärt wurde, haben die Partikel in der Nähe der Kanalwände eine sehr geringe Geschwindigkeit. In der Realität haften die Tumorzellen, die sich nahe zur Blutgefäßwand befinden, an der endothelialen Monoschicht. Im Fall einer Metastasierung werden nur diese Zellen in die Schicht eindringen. Alle anderen Zellen, die nicht haften oder eine zu hohe Geschwindigkeit haben, verlassen das Kanalsystem und gelangen zum Ausgang des Chipsystems.

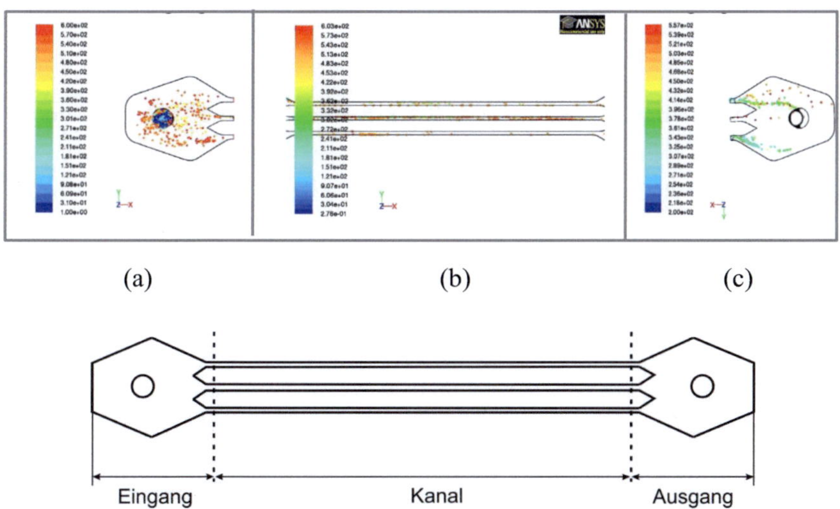

(a)        (b)        (c)



Abbildung 4.7: Ergebnisse der Simulation ohne Poren. Für die Simulation wurde das System in die Zonen „Eingang", „Ausgang" und „Kanalbereich" unterteilt, um die Berechnungszeiten zu reduzieren [64, 70].

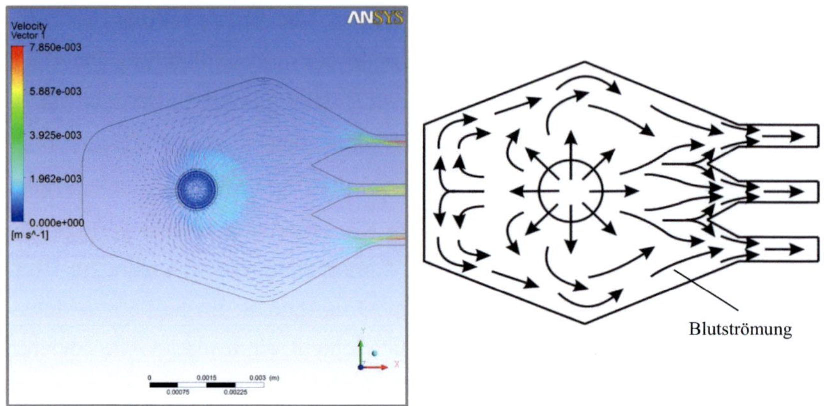


Abbildung 4.8: Vektorielle Simulationsergebnisse (links) und Schema der Blutströmung im Eingangsbereich des Systems (rechts). Zu Erkennen ist die sehr heterogene Verteilung der Zellen im Eingangsbereich über die einzelnen Kanäle mit einer Anhäufung innerhalb des zentralen Kanals (verändert nach [61]).

Bei der Simulation konnte nachgewiesen werden, dass mit der Zeit immer mehr Partikel den Eingangsbereich, bzw. später das Kanalsystem und den Ausgang, verlassen. Diese Ergebnisse können nach [104] durch die Verweilzeitverteilung beschrieben werden. Die Zeit, in der ein Volumenelement eines Fluids einen Kanal durchfließt, wird als Verweilzeit $t$ bezeichnet. Da die Teilchen im realen Kanal unterschiedliche Wegstrecken zurücklegen, wird das Resultat pro Zeiteinheit $\Delta t$ über der Zeitachse aufgetragen. Somit wird eine differenzielle Verweilzeitverteilungskurve $f(t)$ erstellt. Die Verweilzeitverteilungskurve $f(t)$ ist die zeitliche Ableitung der insgesamt ausgetretenen Teilchenmenge $F(t)$. Mit folgender Bedingung:

$$\theta \geq \frac{2}{3} \quad ; \quad \theta = \frac{t_a}{t_m} \text{, } (t_a\text{: aktueller Zeitpunkt und } t_m\text{: mittlere Verweilzeit})$$

wird in Abbildung 4.9 die Verweilzeitverteilung nach [104] dargestellt.

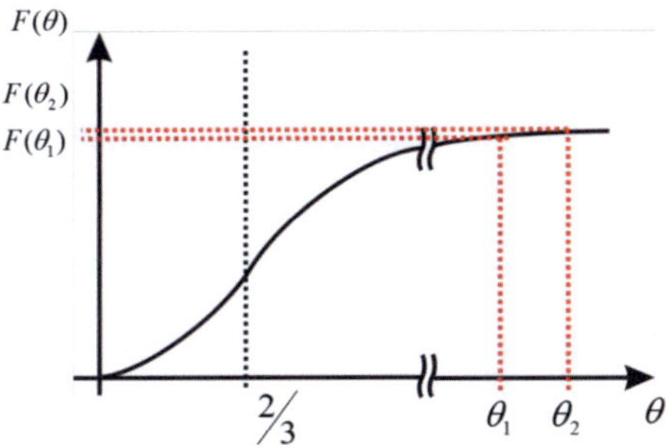

Abbildung 4.9: Graphische Darstellung der Verweilzeitverteilung

Zusammenfassend haben die numerischen Simulationen gezeigt, dass sich etwa 9 % der Partikel nach der berechneten Zeit von 600 s noch in den Kanalbereichen befinden [64, 70]. Für die Zellen bedeutet dies, dass für diese 9 % eine endotheliale Anhaftung möglich ist. Die Simulationsergebnisse werden in Kapitel 6 mit den biologischen Experimenten verglichen.

# 5 Experimente

Die biologisch-medizinischen Experimente wurden am Universitätsklinikum Heidelberg-Mannheim, Sektion Experimentelle Dermatologie, durchgeführt und hatten zunächst folgende Ziele:

- Untersuchung der Biokompatibilität der Membranen
- Überprüfung der gesamten Funktion des Chips
- Untersuchung des Strömungsverhaltens im mikrofluidischen Kanalsystem
- Untersuchung der Extravasation
- Untersuchung der Barriereeigenschaften der Endothelzellen mithilfe von Impedanzmessungen

## 5.1 Biokompatibilitätsversuche an Membranfolien

Die Biokompatibilität der verwendeten Materialen zur Herstellung des Chips wurde schon in [27] getestet. In diesem Abschnitt wird die Biokompatibilität der unterschiedlichen Porenformationen auf unterschiedlichen Membranfolien geprüft. Die Experimente wurden mit dem in Abbildung 5.1 dargestellten Einkanal-Chip durchgeführt. Das Einkanal-Chipsystem besteht aus einem Kanal mit 5 mm Breite, 100 μm Höhe und 25 mm Länge, einer porösen Membran und zwei Adaptoren.

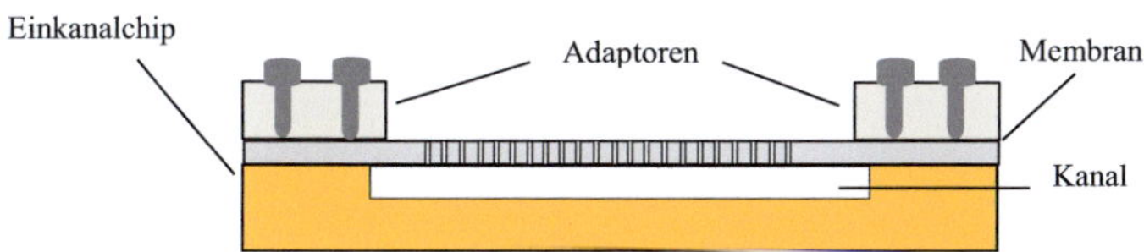


Abbildung 5.1: Schema des modifizierten Einkanal-Chipsystem für Biokompatibilitätsversuche mit der Membran.

Zunächst wurden alle strukturierten Membranfolien mit dem Einkanalchip durch thermisches Bonden verbunden und mithilfe der Phasenkontrastmikroskopie auf Transparenz und Oberflächeneigenschaft untersucht. Diese sind deshalb entscheidend, weil bei wenig transparenten Folien die mikroskopische Beobachtung erschwert wird und durch raue Oberflächen nicht zwischen Zellen und poröser Oberfläche unterschieden werden kann. Daher müssen die Zellen angefärbt werden. Das Anfärben der Zellen ist aus medizinischer Sicht problematisch. Die Untersuchungen bei 10-facher Vergrößerung zeigten bei Pokalon (vgl. Abschnitt 3.6.3) eine zu schlechte Transparenz und raue Oberfläche, da zwischen Zellen und Oberfläche der Membranfolie kaum unterschieden werden konnte (vgl. Abbildung 5.2). Daher ist bei Pokalon-Folien eine Anfärbung der Zellen notwendig. Bei den Membranfolien der Firma it4ip waren die unterschiedlichen Porenformationen deutlich zu erkennen, sodass bei diesen Folien auf Anfärbung der Zellen verzichtet werden kann.

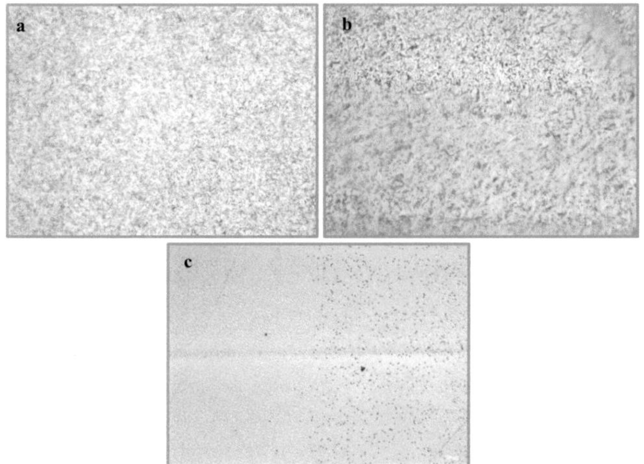

Abbildung 5.2: Phasenkontrastmikroskopische Aufnahmen der verschiedenen Membranfolien, die auf Transparenz und Oberflächengüte hin untersucht wurden. Bei Pokalon (weiß, bereitgestellt von Firma LOFO, a) und Pokalon (gelb, bereitgestellt von GSI-Darmstadt, 10-fache Vergrößerung, b) sind eine raue Oberfläche und schlechte Transparenz zu erkennen. Bei den Membranfolien der Firma it4ip sind die unterschiedlichen Porenformationen wegen der guten Transparenz und Oberfläche deutlich zu erkennen (c).

## Biokompatibilitätstest mit HUVEC

Um ein optimales Wachstum von HUVEC (Human Umbilical Vein Endothelial Cells ) auf den Folien zu gewährleisten, wurden die Membranfolien zunächst mit Gelatine beschichtet. Der Biokompatibilitätstest mit HUVEC ist notwendig, um eine geeignete Folie für das später eingesetzte Chipsystem zu identifizieren. Zunächst wurden die Folien mit Isopropanol und anschließend mit doppelt destilliertem Wasser gereinigt bzw. gespült. Danach erfolgte die Befüllung bis zum Folienrand mit 5 ml EGM2-Medium in einer Petrischale, da der verwendete Einkanal-Chip an der Oberseite nicht verschlossen war (vgl. Abbildung 5.3). Dadurch konnte während der Wachstumsphase die Schale mit einem Deckel geschlossen gehalten werden. Anschließend wurden die Proben 24 Stunden inkubiert. Daraufhin erfolgte die Beschichtung mit 300 µl 0,5 %ige Gelatine für 30 min bei 37 °C und 5 % $CO_2$.

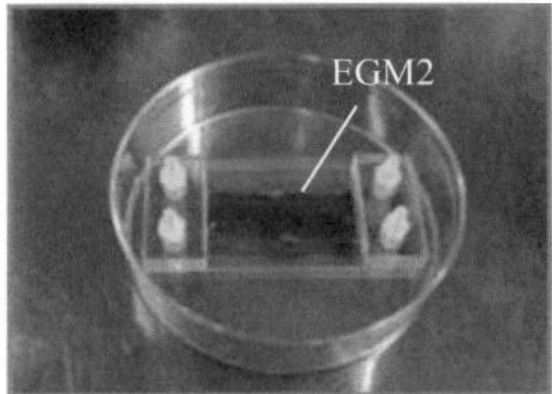


Abbildung 5.3: Aufnahme der Mediumbefüllung des Einkanal-Chipsystem mit EGM2 (rosafarben)

Nach der Beschichtung mit Gelatine erfolgte die Zellaussaat. Die 200.000 Zellen wurden anschließend im EGM2-Medium auf den Membranfolien ausgesät. Es erfolgte die Inkubation bei 37 °C und 5 % $CO_2$ im Brutschrank. Da es sich bei diesem Chip um eine offene Kammer handelte, floss das Medium durch die Poren im Kanal und trocknete dadurch die Zellen aus (vgl. Abbildung 5.4). Um dies zu vermeiden, wurde die gesamte Petrischale bis zum Rand des Chips mit 10 ml Medium (rosafarben) befüllt.

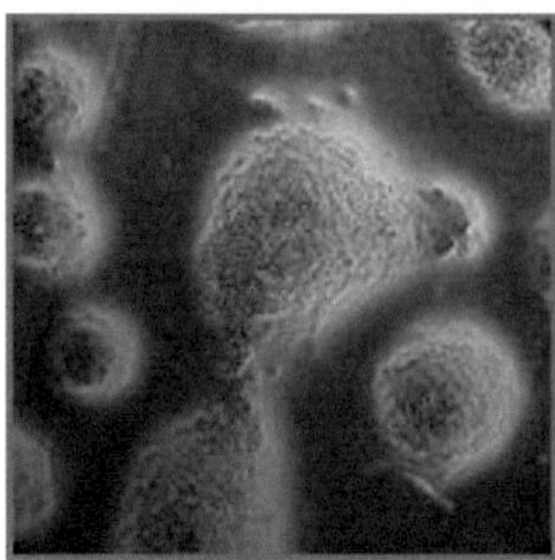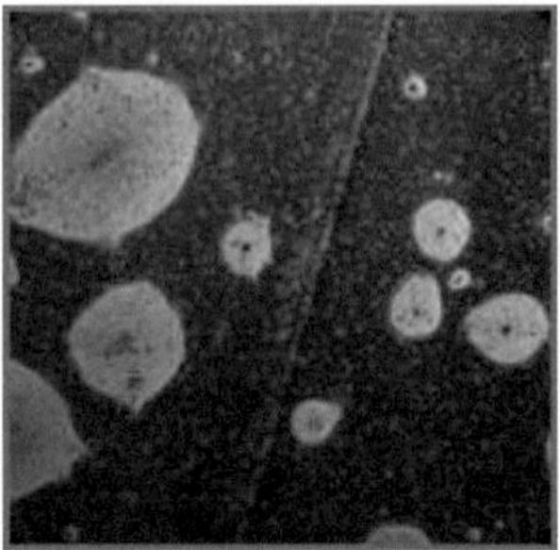

Abbildung 5.4: Phasenkontrastmikroskopische Aufnahmen der getrockneten Endothelzellen auf der Membran. Links: porenfreier Bereich. Rechts: poröser Bereich.

In Abbildung 5.5 werden die Ergebnisse der Zellaussaat nach 3 Stunden dargestellt.

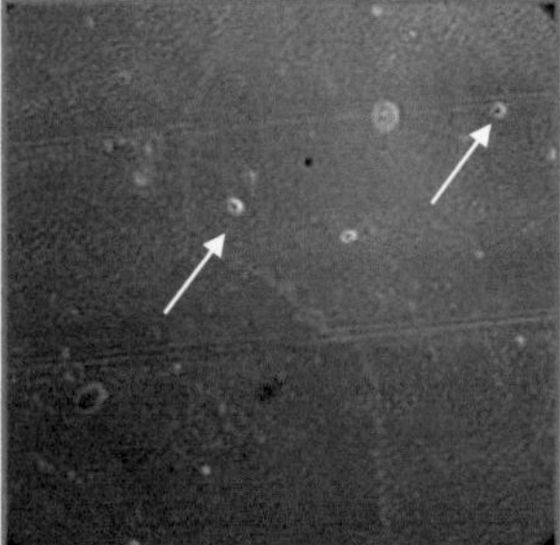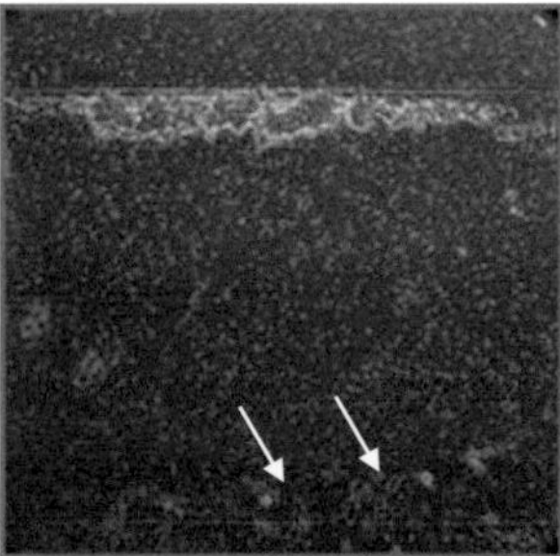

Abbildung 5.5: Phasenkontrastmikroskopische Aufnahmen des Zellwachstums drei Stunden nach der Zellaussaat. Links: einzelne runde Zellen in der Mitte. Rechts: viele Zellausläuferkontakte an den äußeren Rändern (siehe Pfeile).

Die weiteren Ergebnisse zeigen, dass einige vereinzelte Zellen zentral auf der Folie vorliegen. Im Gegensatz dazu befinden sich sehr viele Zellen mit stacheligen Ausläufern und Zell-Zellkontakten am Rande des Chips. Die Zellen befanden sich in einem Gelatinetropfen, der sich zum Rand hin bewegt hatte. Das Medium-Gelatine-Gemisch war ein optimaler Nährboden für das Zellwachstum. Zentral im Chip war ein Wachstum kaum möglich, da das Medium an dieser Stelle austrocknete. Einen sehr guten konfluenten Zelllayer (spindelförmige Morphologie, wie unter Fluss) war nur auf dem Petrischalenboden zu erkennen (vgl. Abbildung 5.6).

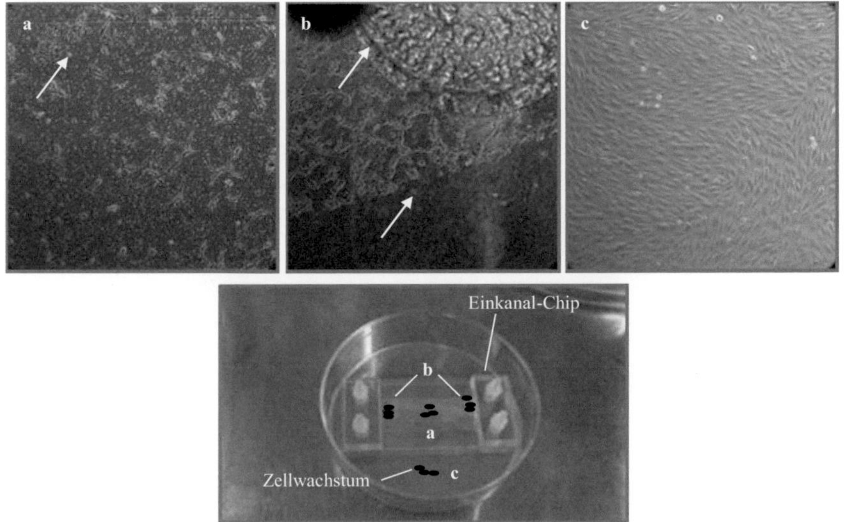



Abbildung 5.6: Phasenkontrastmikroskopische Aufnahmen der Zellwachstumsergebnisse: (a) einige vereinzelte Zellen liegen zentral auf der Folie, (b) viele Zellen mit stacheligen Ausläufern und Zell-Zellkontakten am Rand des Chips und einen Gelatinetropfen mit günstigen Wachstumsbedingungen, (c) sehr guter konfluenter Zelllayer auf dem unbehandelten Petrischalenboden.

Insgesamt konnten folgende Ergebnisse beobachtet werden:

- Die Zellen sind nur mäßig auf der Folie aufgewachsen, welche mit Gelatine vorbehandelt wurde.

- Nach drei Stunden war ein geringer Zelllayer mit kristallähnlichen Ausläufern auf der Folie zu erkennen.

- 3 bis 21 Stunden nach der Zellaussaat lösten sich die meisten Zellen von der Folie wieder ab und diffundierten über die Folie zum Petrischalenboden.

- Die kristallähnlichen Ausläufer bei HUVEC wiesen auf schlechte Wachstumsbedingungen hin. Zudem gingen viele Zellen innerhalb von 24 Stunden in die Apoptose (eine Form des programmierten Zelltodes ) [105] über.

## Optimierung des Einkammersystems zur Durchführung der Biokompatibilitätstests

Das optimierte Chipsystem enthält eine Kammer, dargestellt in Abbildung 5.7. Die Membran wurde auf eine Polycarbonatfolie (Dicke: 200 µm) gebondet. Der Rahmen (Höhe: 4 mm) wurde mittels thermischen Bondens bzw. Klebeverfahren auf der Trägerfolie fixiert.

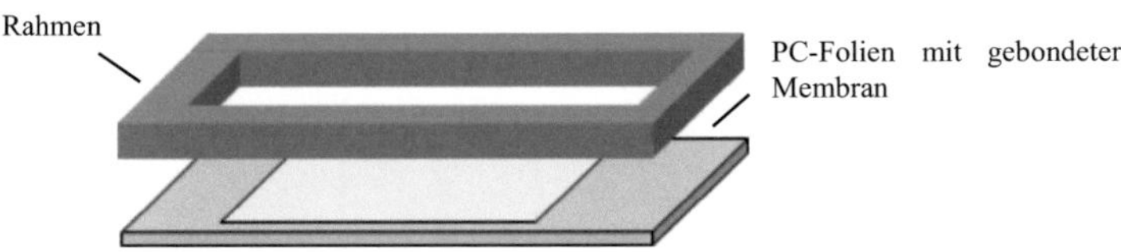


Abbildung 5.7: Optimiertes Chipdesign. Die Höhe der Halterung beträgt 4 mm und die Fläche der Membran 37 × 88 mm2 [70].

Die Chips wurden 30 min lang mit 300 µl 0,5 %iger Gelatine im Inkubator bei 37 °C und 0,5 % $CO_2$ vorbeschichtet. Anschließend erfolgte die Zellaussaat mit 150.000 Zellen/300 µl in einem Spezialzellkulturmedium EGM2.

### 5.1.1 Ergebnisse nach der Zellaussaat und Diskussion

Auf den Membranfolien die durch Lasermikrobearbeitung hergestellt wurden, konnte ein ausreichendes Zellwachstum nachgewiesen werden. Auf Membranfolien, die hier am IMT geätzt wurden, war das Zellwachstum schlecht. Die Ursache hierfür ist im Herstellungsprozess diesen Folien zu suchen. Es ist möglich, dass die Folien nicht ausreichend gespült worden waren, sodass noch Spuren von Ätzlösung vorhanden waren. Im Gegensatz dazu konnte auf den von der Firma it4ip mittels Kernspurverfahren hergestellten Membranfolien ein sehr gutes Wachstum nachgewiesen werden.

Die Zellmorphologie ist sehr gut von der Folie zu unterscheiden, besonders bei den Membranen mit niedriger Porendichte (103/cm2). Dagegen wiesen die Membranfolien mit der höheren Porendichte (105/cm2) eher ein spärliches Wachstum auf. In den porenfreien Bereichen ergab sich ein dichtes Wachstum, allerdings konnte dies auf Grund der gewölbten Membranoberfläche, die durch den thermischen Bondprozess verursacht wurde, nur in Teilbereichen beobachtet werden. Abbildung 5.8 zeigt die phasenkontrastmikroskopischen Aufnahmen der Zellaussaat auf den Membranen mit unterschiedlicher Porendichte. Tabelle 5.1 beschreibt die Ergebnisse der Biokompatibilität der einzelnen Membrandesigns (vgl. Abschnitt 3.6.1). Es konnte gezeigt werde, dass aufgrund der guten Untersuchungsergebnisse für die weitere Versuche die it4ip-Membranen verwendet werden. Auf den Membranfolien die durch Lasermikrobearbeitung hergestellt wurden, konnte ein ausreichendes Zellwachstum nachgewiesen werden.

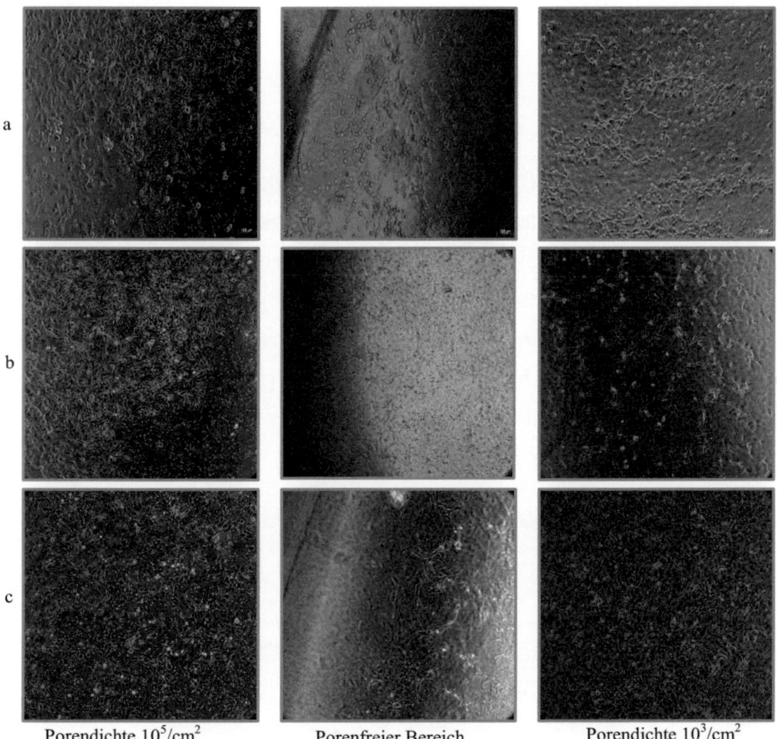


Abbildung 5.8: Phasenkontrastmikroskopische Aufnahmen des Zellwachstums. a) Ergebnisse nach 1 Stunde. b) Ergebnisse nach 5 Stunden. c) Ergebnisse nach 24 Stunden [70].

Tabelle 5.1: Zusammenfassung der Ergebnisse der Biokompatibilitätsversuche mit Membranfolien.

| Porendichteverteilung | Biokompatibilität | Zellwachstum | Ergebnisse die Mikroskopie |
|---|---|---|---|
| $10^5/cm^2$ | gut | spärliches Wachstum | keine Unterscheidung zw. Membranoberfläche und Zellmembran, Anfärbung der Zelle erforderlich |
| $10^5/cm^2$ – keine Poren- $10^5/cm^2$ | gut | dichtes Wachstum nur in bestimmten Bereichen (vgl. Abschnitt 5.1.1) | sehr gute Unterscheidung zw. Membranoberfläche und Zellmembran, Anfärbung der Zelle nicht erforderlich |
| $10^5/cm^2$ - $10^3/cm^2$- $10^5/cm^2$ | gut | sehr dichtes Wachstum | gute Unterscheidung zw. Folie und Zellmembran, auf Anfärbung kann ggf. verzichtet werden |

## 5.2 Funktionstest des mikrofluidischen Zweikammer-Chip

Um einen möglichen Rückfluss der Flüssigkeit in die Kanäle des Gewebekanals zu verhindern und so den Flüssigkeitsspiegel beizubehalten, wurde mithilfe einer Nadel mit stumpfer Spitze vom Eingang zum Gewebekanal und vom Gewebekanal zum Ausgang durchgestochen (vgl. Abbildung 5.9). Die Punktion war erfolgreich. Durch das Einstechen entstanden kleinste Haarrisse, die sich bei mehrfachen Befüllungsvorgängen zu größeren Rissen fortsetzten und zu Undichtigkeiten führten. Dieser Effekt ließ sich durch die Verwendung noch feinerer Spitzen vermeiden.

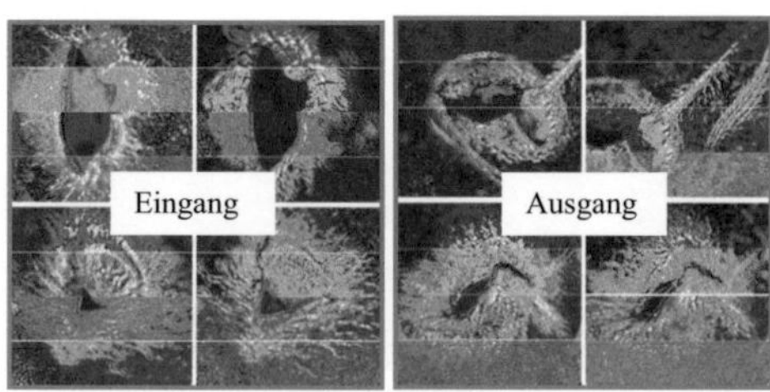


Abbildung 5.9: Phasenmikroskopische Aufnahmen vom Eingang und Ausgang. Es wurden mithilfe einer Nadel Durchgangslöcher erzeugt. Dadurch wird ein Rückfluss der Flüssigkeit in den Gewebekanal vermieden.

Um eine bessere Befüllung der Kanäle zu ermöglichen, werden zunächst alle Schläuche bzw. dazugehörigen Kanäle geöffnet. Danach wird der Gewebekanal mit Gelatine befüllt. Sobald die unteren Kanäle bis zum Ausgang befüllt sind, wird die Befüllung gestoppt. Nach diesem Vorgang werden die oberen Kanäle mit Medien befüllt. Die Ergebnisse werden in nächsten Abschnitt erläutert. Abbildung 5.10 zeigt den Zweikammer-Chip mit montiertem Schlauchset.

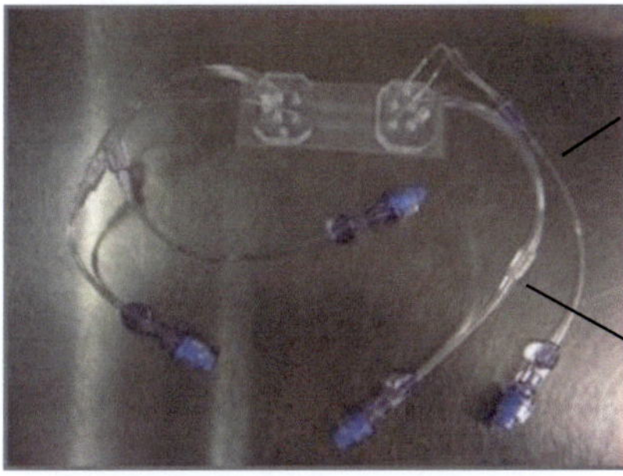


Abbildung 5.10: Mikrofluidischer Zweikammer-Chip mit dem optimierten Schlauchsystem.

### 5.2.1 Dichtigkeitstest

Da die geplanten biologischen Experimente mehrere Tage dauern, muss die Dichtigkeit des mikrofluidischen Systems für diesen Zeitraum gewährleistet sein. Daher muss auch das Langzeitverhalten untersucht werden. Mögliche Quellen für Undichtigkeiten im Chipsystem sind in Abbildung 5.11 dargestellt:

1. Klebeverbindung der Adaptoren
2. Durch thermisches Bonden erzeugte Verbindungen zwischen Gehäuseteilen und Membran
3. Klebeverbindung der Schläuche

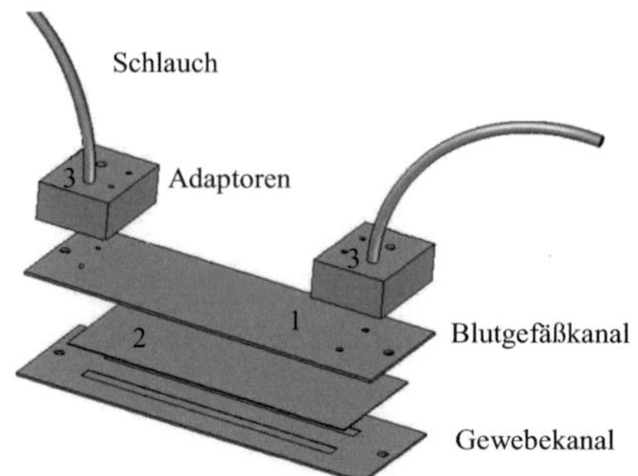


Abbildung 5.11: Schema des Chip-Aufbaus und problematische Fügezonen 1, 2 und 3, die zur Undichtigkeit führen können.

Das Chipsystem wurde mithilfe einer 1 ml Injektionsspritze, einer Kanüle und verdünnter Giemsa-Lösung[15] auf Dichtigkeit getestet. Die Giemsa-Lösung wird langsam durch den Schlauch in den Eingang gepumpt (10 µl/min). Bei den ersten Experimenten mit Chip 1 (vgl. Abbildung 5.12) kam es zu einem leichten Versatz des rechten Adapters (Ausgang), wodurch es zum Austritt von Flüssigkeit kam. Das Chipsystem 2 zeigt keinen Flüssigkeitsverlust und ist dicht. Die Punktionen für Eingang und Ausgang sind sehr gut zu unterscheiden und optimal, um den Flüssigkeitsspiegel beizubehalten. Beide Chipsysteme sind aber zu elastisch, um sie optimal im Mikroskop einzuspannen und eine gleichbleibende Qualität der mikroskopischen Aufnahmen zu gewährleisten. Bei Chip 3 waren Eingang sowie Ausgang des unteren Kanals komplett dicht. Im oberen Kanal konnte die Lösung zwar appliziert werden, jedoch nur mit hohem Druck, welcher zum Austritt der Flüssigkeit zwischen Adapter und Gehäuseteil führte (vgl. Abbildung 5.13). Bei Chip 4 wurde die Funktion des Chips mit einem neuen Schlauchsystem (vgl. Abschnitt 3.10) untersucht, das eine gleichmäßige Befüllungen der beiden Systeme ermöglicht. Die Befüllung konnte sehr leicht durchgeführt werden. Allerdings war die Befüllung der beiden Kanäle ungleichmäßig, da die hydraulischen Widerstände unterschiedlich groß waren. Zudem sind die Schlauchsysteme zu lang. Damit kann eine bestimmte Anzahl von Zellen nicht bereitgestellt werden, da ein großes Volumen an Zellmedium im Schlauch verbleibt. Dies führt zu

---

[15] Giemsa ist ein Basis-Reagenz für die Färbung von zytologischen, histologischen, bakteriologischen und hämatologischen Proben unter dem Mikroskop [106].

einem hohen Verbrauch von Medium. Das Chipsystem 4 ist zwischen Adapter und der Oberfläche des Gehäuseoberteils undicht (vgl. Abbildung 5.14).

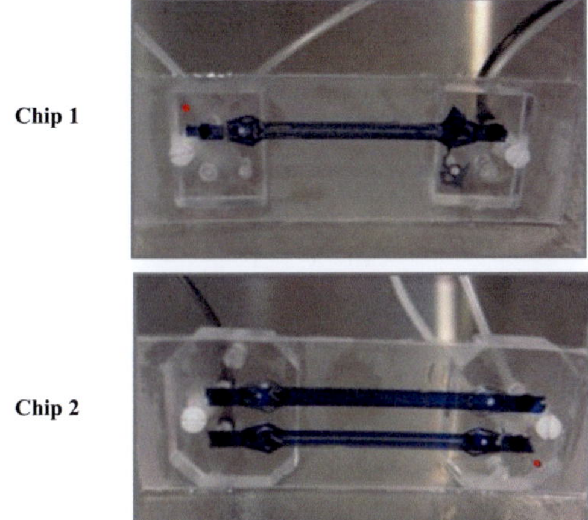


Abbildung 5.12: Ergebnisse der Funktionstests für Chip 1 und Chip 2. Oben: Kanalversatz, Austritt von Flüssigkeit. Unten: kein Flüssigkeitsverlust und ein dichtes Chipsystem. Die Punktionen für Eingang und Ausgang sind sehr gut zu unterscheiden (siehe markierter roter Punkt).

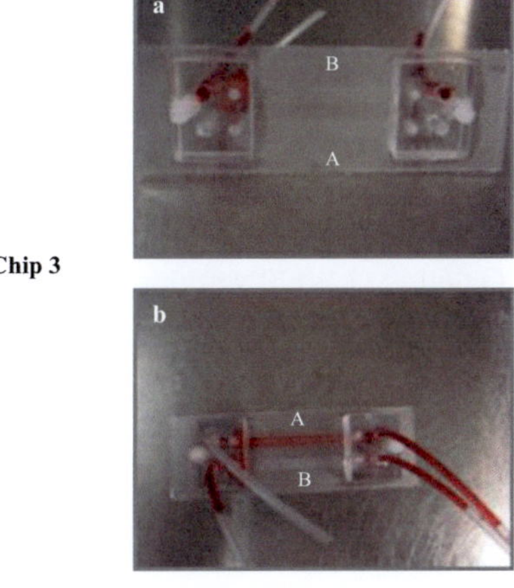


Abbildung 5.13: Ergebnisse der Befüllung von Chip 3. a) Zu erkennen sind Undichtigkeiten bei der Klebeverbindung der Adaptoren (Blick von unten), b) Aufgrund der Undichtigkeiten ließ sich nur Kanalsystem A befüllen (Blick von oben).

Abbildung 5.14: Ergebnisse der Befüllung der Kanäle mit dem Schlauchset und integrierten nadelfreien Ventilen. Zu erkennen sind Undichtigkeiten bei der Klebeverbindung der Adaptoren.

Abbildung 5.15 zeigt die Phasenkontrastmikroskopische Aufnahme der Entstehung von Luftblasen im Eingangsbereich des oberen Kanals.

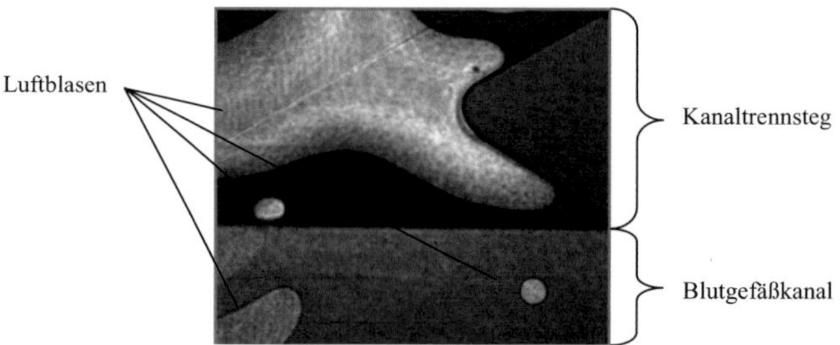


Abbildung 5.15: Phasenkontrastmikroskopische Aufnahme der Entstehung von Luftblasen in einem Chip, in dem mikroskopische Aufnahmen möglich waren.

Das Chipsystem 5 und 6 (vgl. Abbildung 5.16) wurde in weiteren Versuchen mit Gelatine auf Dichtigkeit hin geprüft. Dieser Test wurde mithilfe einer 1ml Spritze, Kanüle, 20 %iger Gelatine (1:4000 verdünnt mit biokompatiblem Rote-Bete-Saft, Umschlagspunkt blassrosa) und verdünnter Giemsa-Lösung durchgeführt. Dafür wurde die 20 %ige Gelatine in doppelt destilliertem Wasser gelöst und für 30 min bei 50 °C erhitzt. Anschließend wurden 5 µl Giemsa-Lösung hinzugefügt. Das Ergebnis ist ein blassrosa Farbumschlag. Die Lösung wurde bei 50 °C über die beiden unteren Kanäle eines Chipsystems appliziert (60 µl/min). Danach wurde die Lösung 10 Minuten lang bei Raumtemperatur abgekühlt und dann mit ebenfalls 60 µl/min Medium (EGM2) durchgespült. Die Gelatine ließ sich leicht in den Gewebekanal und das rote Medium ließ sich mit hohem Druck in das Blutgefäßkanal applizieren. Abschließend wurde das gesamte Chipsystem 2 Stunden bei 37 °C im Brutschrank inkubiert. Unter Verwendung von Klemmen (vgl. Abbildung 5.16) wurde ein leichtes Verschließen der Schläuche ohne Beschädigung ermöglicht. Außerdem konnten dadurch die beiden Systeme A und B unabhängig voneinander befüllt und untersucht werden.

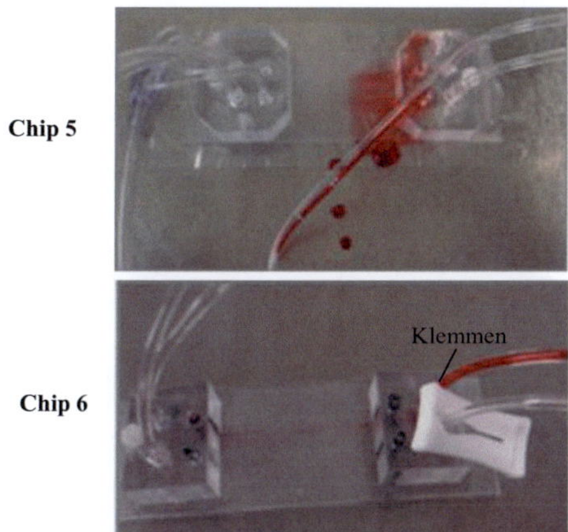


Abbildung 5.16: Ergebnisse der Dichtigkeitstests mit Gelatine. Chip 5: Das rote Medium lässt sich nur mit hohem Druck in den Blutgefäßkanal applizieren. Der hohe Druck verursacht eine Undichtigkeit zwischen oberem Gehäuseteil und Membran. Chip 6: Durch Verwendung der Klemmen können die Systeme unabhängig voneinander befüllt werden.

Insgesamt wurden 20 Chipsysteme nach Funktion und Verwendbarkeit getestet und ausgewertet. Tabelle 5.2 zeigt den prozentualen Anteil der Erfolgsquote der einzelnen Untersuchungen. In den weiteren Abschnitten wurden dementsprechend Optimierungsmaßnahmen durchgeführt. Die Optimierung in Bezug auf Bondparameter wurde schon in Abschnitt 3.8 diskutiert.

Tabelle 5.2: Ergebnisse des Funktionstests von 20 mikrofluidischen Chips.

| Funktionstest | Ergebnis von 100 % = 20 Chips |
|---|---|
| Gute Oberflächenqualität und geringe Rauheit | 35 % |
| Gute optischen Eigenschaften für mikroskopische Aufnahmen | 43 % |
| Unproblematische Befüllung der unteren Kanäle | 90 % |
| Unproblematische Befüllung der oberen Kanäle | 40 % |
| Flüssigkeitsaustritt zwischen Membran und Gehäuseteil (vgl. Abbildung 5.12) | 80 % |
| Flüssigkeitsaustritt zwischen Adaptoren und Chip (vgl. Abbildung 5.12) | 55 % |
| Flüssigkeitsaustritt an der Schlauchverbindung | 80 % |
| Undichtigkeit nach kurzer Inkubation zwischen Membran und Gehäuseteil | 20 % |
| Guter Durchfluss bei einem Applikationsdruck von 1 - 2 bar | 20 %<br>bei 80% erhöhter Druck > 2,5 bar benötigt |
| Verwendung von Schlauchsets mit nadelfreien Ventilen | Sehr gut, vereinfacht ein gleichmäßiges Applizieren. Nachteil: Schlauch zu lang, unterschiedliche Befüllungsgeschwindigkeit. |
| Verwendung von Klemmen | Sehr gut, die Systeme können unabhängig voneinander befüllt werden. |

## 5.2.2 Optimierung der Oberflächenqualität der optischen Grenzflächen und der Steifigkeit des gesamten Chipsystems

Um transparente Chipbauteile zu erhalten, wird statt einer sandgestrahlten Substratplatte bei der Abformung eine verchromte Platte mit glatter Oberfläche verwendet. Allerdings bleibt die abgeformte PC-Folie dadurch am Formeinsatz haften. Durch Spülen mit Isopropanol kann die Folie abgelöst werden. Die Abbildung 5.17 zeigt das Resultat. Die angewendeten Parameter (Temperaturen, Haltezeit und Kraft) bleiben im Vergleich zum vorherigen Abformprozess unverändert (vgl. Abschnitt 3.4.4).

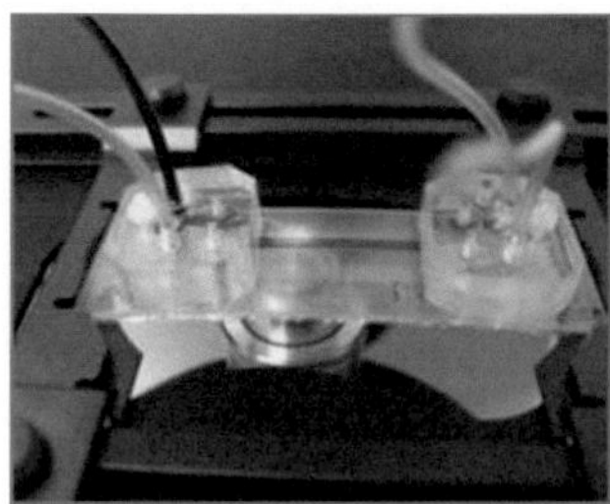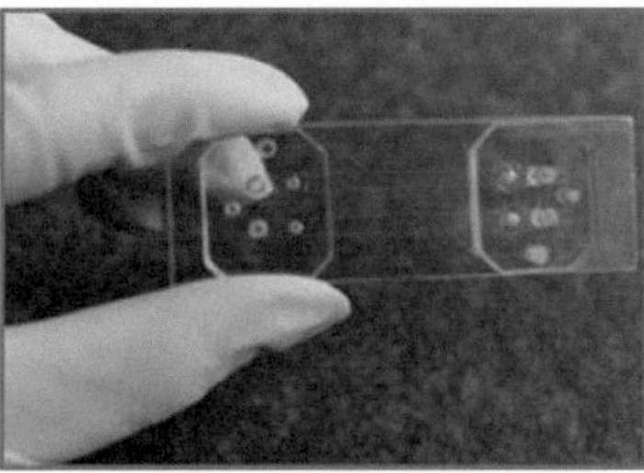

Abbildung 5.17: Aufnahmen des Chipsystems positioniert auf dem Mikroskop (links). Der Chip ist gewölbt. Rechts: Ein mikrofluidischer Chipsystem, der durch Verwendung einer verchromten Platte nach dem Abformung herstellt wurde. Der Chip ist so transparent, dass die Kanäle klar erkennbar sind.

Das Problem der geringen Steifigkeit der Chipteile und der daraus resultierenden Welligkeit des Systems ist durch die Verwendung dünner Substratfolien begründet, in denen durch lokale Spannungen in den Chipteilen, bei der Abformung und beim thermischen Bonden, Dehnungen verursacht werden. Um die Planarität des Systems zu verbessern, wurden die Chipteile gleich nach der Abformung in einem Ofen bei 75 °C aufbewahrt. Dadurch werden die erzeugten Spannungen in den Chipteilen abgebaut.

### 5.2.3 Optimieren des Schlauchsets

Die Befüllung des Chipsystems über die nadelfreien Ventile im Schlauchset funktioniert einwandfrei und ohne Verwendung von zusätzlichen Kanülen. Zusätzlich bleiben die Kanäle nach Entfernung der Spritze verschlossen. Das Schlauchset ermöglicht ein gleichzeitiges Befüllen zweier Kanäle. Da das Schlauchset anfangs zu lang war, wurde die Befüllung in den verschiedenen Kanälen mit unterschiedlichen Geschwindigkeiten durchgeführt. Dadurch entstanden Luftblasen, die die Befüllung der Kanäle verhinderten. Außerdem blieb nach der Befüllung Medium im Schlauchvolumen zurück (vgl. Abbildung 5.18). Aus diesen Gründen wurde entschieden, die Schläuche zu verkürzen. Abbildung 5.19 zeigt eine Nahaufnahme des mikrofluidischen Zwei-Kammerchips mit neuem, optimiertem Schlauchset.

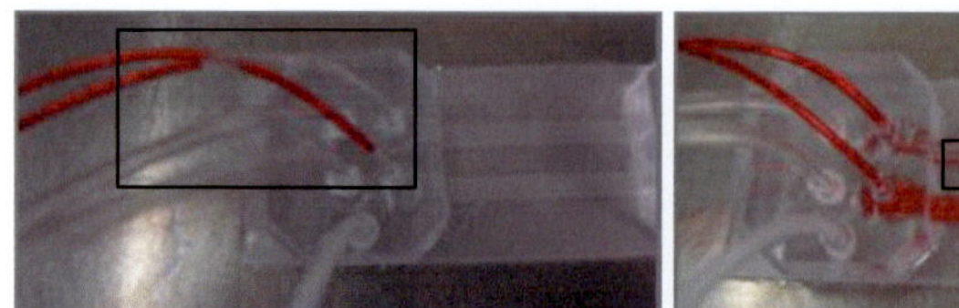

Abbildung 5.18: Aufnahmen der auftretenden Probleme bei der Befüllung des Chipsystems mit dem Schlauchset. Die Kanäle wurden mit unterschiedlichen Geschwindigkeiten befüllt (links, siehe markierter Bereich). In den Mikrokanälen entstehen dadurch Luftblasen, die weitere Befüllung der Kanäle verhindern (rechts, siehe markierte Bereiche).

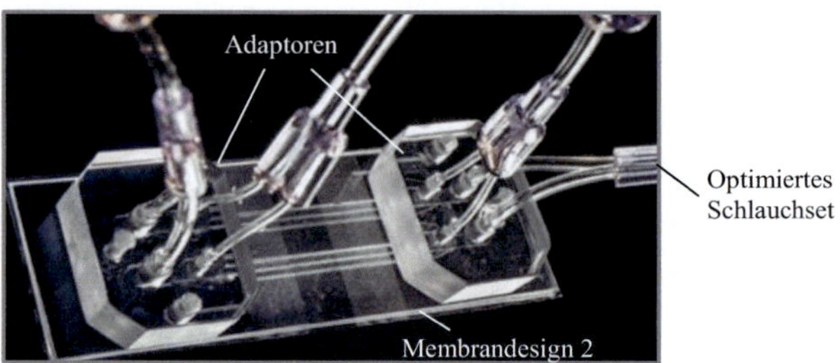


Abbildung 5.19: Mikrofluidischer Zwei-Kammerchip mit neuem Schlauchset und mit transparenten Oberflächen. Die Länge der Schläuche beträgt 2 cm.

## 5.3 Experimente an den Chemotaxiskanälen

Zur Erweiterung der bisherigen Untersuchungsmöglichkeiten mit dem entwickelten Mikrofluidikchip wurden in der unteren Kammer zusätzliche Einströmkanäle implementiert, um so die kultivierten Zellen respektive die in den Gewebekanal eingedrungenen Tumorzellen mit bestimmten Substanzen – wie Chemokinen – versorgen oder „anlocken" zu können.

Zunächst wurde einen 20 %ige Gelatinelösung in den Schlauch injiziert. Nach 10 Minuten Inkubation bei 37 °C und 0,5 % $CO_2$ wurden eine verdünnte Giemsa-Lösung und anschließend eine 2 %ige Aqua Care-Lösung in die Chemotaxiskanäle gefüllt (vgl. Abbildung 5.20 linkes Bild). Die Befüllung der Chemotaxiskanäle hat einwandfrei funktioniert. Allerdings trat bei diesem Versuch eine Undichtigkeit bei der Verklebung der Schläuche auf (vgl. Abbildung 5.20 rechtes Bild).

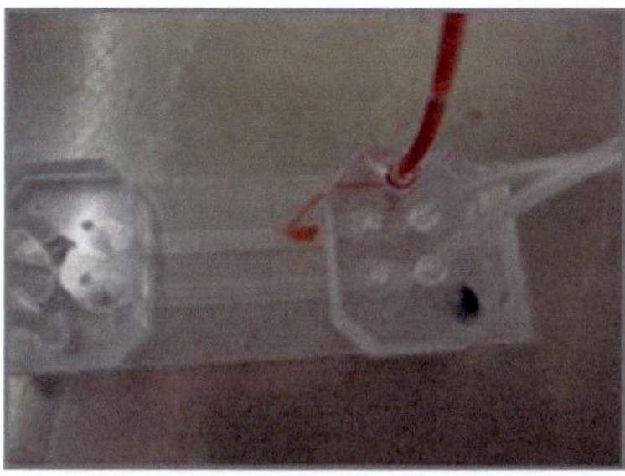 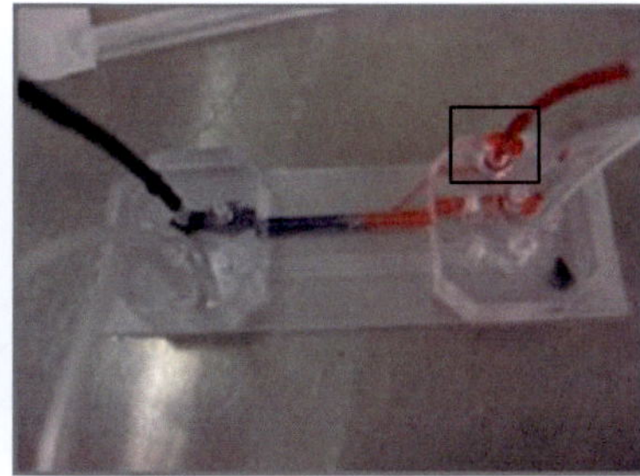

Abbildung 5.20: Aufnahmen der Befüllung der Chemotaxiskanäle. Links: Befüllung des Chemotaxiskanals. Rechts: Befüllung des Gewebekanals. Undichtigkeit bei der Verklebung der Schläuche (siehe Markierung).

Die Undichtigkeit bei der geklebten Verbindungsstelle der Schläuche mit den Adaptoren wurde durch hohen Druck bei der Befüllung der Kanäle verursacht (vgl. Sachverhalt Abschnitt 5.2). Dies wurde durch die Optimierung der Schlauchsets (Vergleich Abschnitt 5.2.3) behoben.

## 5.4 Einfluss der Membranporen auf das Strömungsverhalten der Zellen im mikrofluidischen Chipsystem

Um den Einfluss der Membranporen auf die Zellenwanderung in den Kanälen ohne Endothelschicht zu untersuchen, wurden verschiedene Strömungsversuche durchgeführt, bei denen Beads ($\emptyset = 1$ μm) anstelle von Zellen verwendet wurden. Dabei kam eine Membran mit durchgehender Porendichte von $10^5$/cm$^2$ zum Einsatz. Zunächst wurde der Gewebekanal mit 1 ml doppelt destilliertem Wasser befüllt. Anschließend wurden die Kanäle des oberen Chipteils „Blutgefäßkanal" mithilfe der Spritzenpumpe mit ca. 10.000 Beads/μl befüllt. Die Beads wurden durch die große Druckdifferenz schon im Eingangsbereich durch die Poren gedrückt (Porendurchmesser 5 μm) und sind dadurch in den unteren Kanal gewandert. Diese Ergebnisse wurden mit dem Mikroskop untersucht und anhand dieser Beobachtung wurde in Abbildung 5.21 das Schema der Wanderung dargestellt.

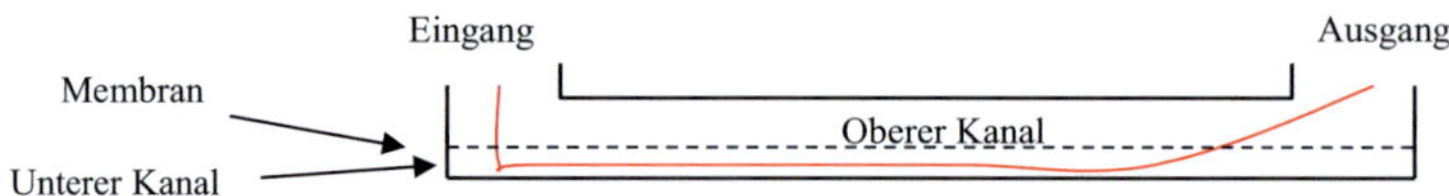



Abbildung 5.21: Schema der Zellenwanderung durch den unteren Kanal, wobei die rote Linie den Verlauf der Beads kennzeichnet. Das Durchdringen der Membran im Eingangsbereich erfolgt durch ungünstiges Strömungsverhalten.

Sind im System Luftblasen vorhanden, so verändert sich das Strömungsprofil der Beads (vgl. Abbildung 5.22).

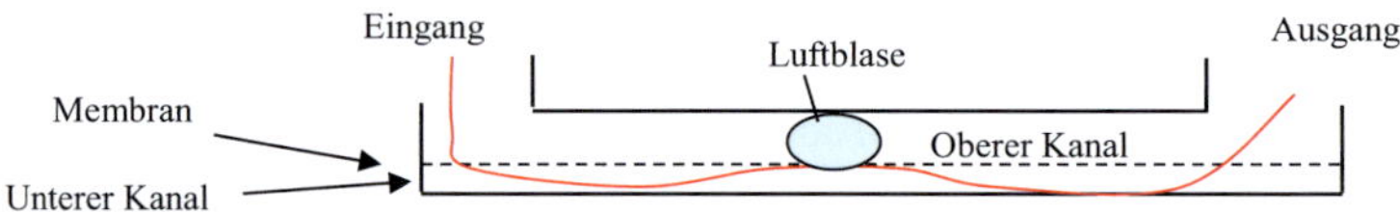



Abbildung 5.22: Einfluss der Luftblasen auf die Zellenwanderung. Die rote Linie kennzeichnet den Verlauf der Beads.

Da die Beads aufgrund des ungünstigen Strömungsprofils im Eingangsbereich die Membran durchdringen, entsteht eine ungleichmäßige Verteilung der Beads im Eingangs- und im Kanaleinlassbereich. In Abbildung 5.23 wird diese ungleichmäßige Verteilung der Beads schematisch dargestellt. Die Luftblasen beeinflussten das Strömungsverhalten der Beads.

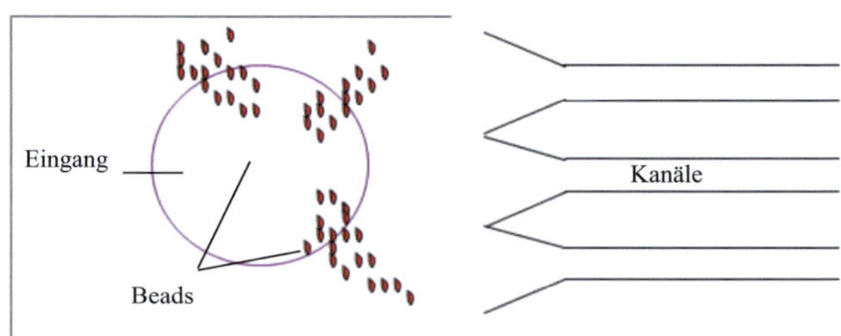



Abbildung 5.23: Schematische Darstellung der Verteilung der Beads im Eingangsbereich.

Um das Eindringen der Beads im Eingangsbereich zu vermeiden, wird eine Membran eingesetzt, die erst im Kanalbereich Poren besitzt. Dadurch wandern die Zellen nur in den oberen Kanälen. Lediglich die Beads, die eine sehr niedrige Geschwindigkeit haben, können von oberem Kanalbereich in den unteren Kanalbereich eindringen (vgl. Abbildung 5.24).

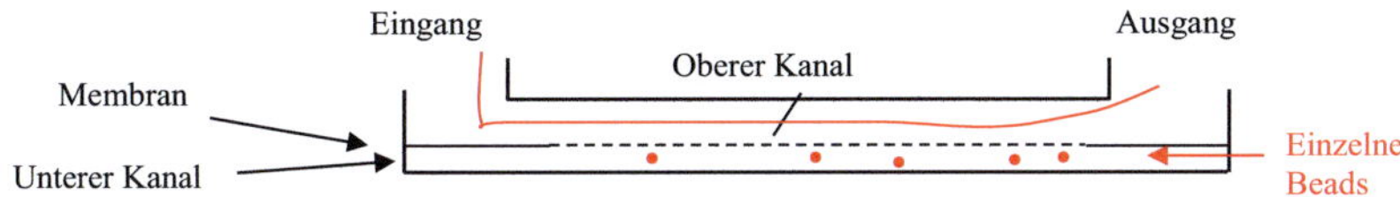


Abbildung 5.24: Schema der Zellenwanderung durch den oberen Kanal. Die rote Linie kennzeichnet den Verlauf der Beads. Durch Verwendung einer im Eingangsbereich porenfreien Membran kann das Durchdringen der Beads hier vermieden werden.

## 5.5 Extravasation

Für die biomedizinischen Experimente zur Durchführung der Extravasation wurde der Gewebekanal mit Matrixkomponenten befüllt. Darauf folgend wurde der mikrofluidische Zweikammer-Chip für eine Stunde bei 37 °C und 5% $CO_2$ unter sterilen Bedingungen inkubiert. Anschließend wurden die oberen Kanäle mit doppelt destilliertem Wasser gespült, mit vorinkubiertem Zellkulturmedium EGM2 gefüllt und bei 37 °C und 5 % $CO_2$ für 24 Stunden im Inkubator aufbewahrt. Für Untersuchungen der Tumor-Endothel-Interaktion und Tumor-Extravasation wurde das mikrofluidische System auf einem mit einer Inkubationskammer ausgestatteten inversen Mikroskop[16] montiert. Um die Wanderung der Krebszellen durch die poröse Membran und damit den Prozess der Extravasation zu überprüfen, wurden die ersten Versuche ohne Endothelzellen und nur auf der mit Gelatine beschichteten Membran durchgeführt. Die Fluoreszenz-Aufnahme erfolgt nach 10-minütiger Perfusion des unteren Kanals. Dabei konnten viele transmigrierte Krebszellen zwischen den Matrix-Komponenten analysiert und detektiert werden (vgl. Abbildung 5.25, a). Nach dieser erfolgreichen Migration von Krebszellen wurden 480.000 humane Endothelzellen in das obere Kanalsystem ausgesät. Für die Validierung wurde der bereits konfluente HUVEC-Layer mit CellTrace™ calcein Red-Orange gefärbt(vgl. Abbildung 5.25, b). Anschließend wurde in den oberen Kanälen eine isoosmolare Lösung mit etwa $10^7$ Tumorzellen pro ml (gefärbt mit Cell Trace Calcein grün) bei unterschiedlichen Scherraten injiziert (vgl. Abbildung 5.25, c). Dies simuliert die Fluid-Bedingungen des menschlichen mikrovaskulären Systems,. Nach 5 minütiger Perfusion wurden charakteristische Fluoreszenz-Aufnahmen der schwimmenden Krebszellen mit einer CCD-Kamera[17] bei konstanter Belichtungszeit gemacht. Durch eindeutige Fluoreszenzsignale konnten die an der Endothelschicht anhaftenden Krebszellen sichtbar gemacht und transmigrierte Krebszellen an der Unterseite der porösen Membran detektiert werden. Dabei kam es zu einer Überlagerung mit den Fluoreszenz-Signalen der innerhalb des oberen Kanals schwimmende Krebszellen. Es konnte nachgewiesen werden, dass nur ein

---

[16] AxioObserver Z.1, Zeiss GmbH, Jena, Deutschland
[17] AxioCam MRm von AxioVision Software V4.8.2 (beide Zeiss GmbH, Jena)

kleiner Teil der injizierten Krebszellen in Kontakt mit der Endothelschicht kam und dort nach einer Phase der instabilen Anhaftung schließlich fest anhafteten. Dadurch ändern die Krebszellen ihr Geometrie und wandern in das untere Kanalsystem (Gewebekanal) aus (vgl. Abbildung 5.25, d). Alle Aufnahmen sind mit der gleichen Vergrößerung aufgenommen worden. Die Kanalbreite betrug 300 μm [64, 70-71].

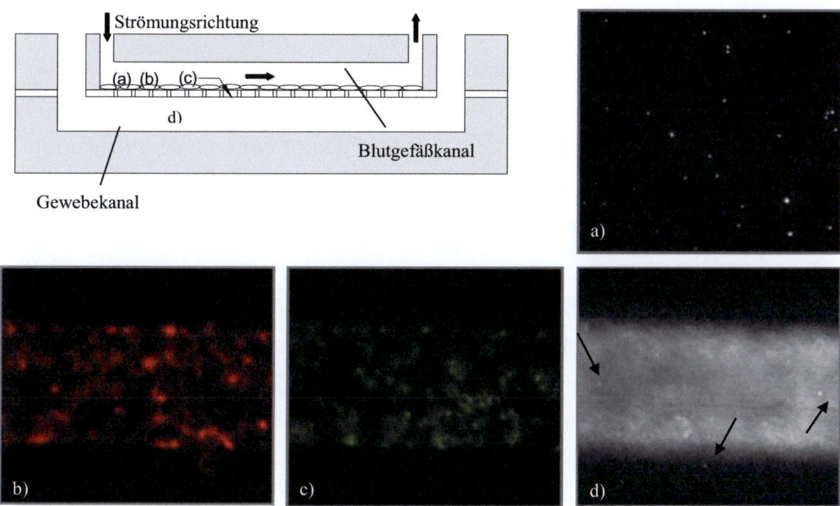


Abbildung 5.25: Schematische Darstellung der Aufnahmen in dem mikrofluidischen Chip und Fluoreszenz-Aufnahmen von gefärbten Zellen im Inneren des künstlichen Blutgefäß-Systems. (a) Fluoreszenzsignal transmigrierter Krebszellen im unteren Kanal zwischen den Matrixkomponenten, ohne Endothelschicht. (b) Lebende Endothelzellen auf der Oberseite der porösen Membran im Inneren des oberen Kanals. (c) Fluoreszenz-Signal von anhaftenden Krebszellen auf der Oberseite der Membranebene des oberen Kanals. (d) Fluoreszenzsignale transmigrierter Krebszellen unter der porösen Membran (weiße Punkte) mit schwimmenden Krebszellen innerhalb des oberen Kanals (weißes Rauschen). Der Fokus des Mikroskop-Objektivs liegt hier im unteren Kanal.

## 5.6 Impedanzmessungen der Barriere-Eigenschaften der Endothelzellen

Für die Untersuchung der Barriereeigenschaften von Endothelzellen und ihrem Wachstum auf der Goldelektrode werden alle Impedanzmessungen in einem modifizierten Einkammersystem mit den in Abschnitt 3.7.4 vorgestellten Messversionen durchgeführt.

### 5.6.1 Messdurchführung

Nach dem Reinigen mit destilliertem Wasser und Sterilisieren mit UV-Licht wurden die angefertigten Chips mit endothelialem Wachstumsmedium EGM2 befüllt und verblieben für 24 Stunden im Inkubator bei Umgebungsbedingungen von 5 % $CO_2$ und 37 °C. Am darauffolgenden Tag wurde das Medium abgesaugt. Die Testkammer wurde mit 2 ml vorgewärmter Gelatine (0,5 %, Sigma) beschichtet. Die erste Impedanzmessung erfolgte nach Medium- und Gelatinezugabe. Danach wurden 1 Mio. HUVECs Zellen resuspendiert und die Ergebnisse des Zellwachstums zu verschiedenen Messzeitpunkten innerhalb von 3 - 24 Stunden – sowohl optisch als auch durch Impedanzmessungen – festgehalten, analysiert und bewertet. Zunächst wurden, mit der im Einkammersystem implementierten Messvariation II, bei der ein Platindraht als Gegenelektrode verwendet wird, Impedanzmessungen durchgeführt (vgl. Abbildung 5.26).

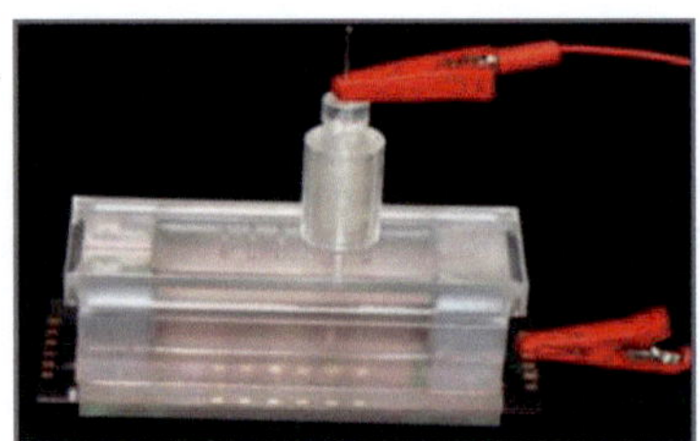

Abbildung 5.26: Aufnahme der Testkammer und des Elektrodendesigns mit Platindrahtgegenelektrode (Messvariation II) (vgl. Abbildung 3.37) [92].

Zur Befestigung der Gegenelektrode wurde ein vorgefertigter Deckel mit Bohrungen auf dem Chip implementiert. Der Deckel soll einen konstanten Abstand zur Arbeitselektrode gewährleisten. Die Gegenelektrode muss jeweils über der Arbeitselektrode positioniert werden. Die Messungen fanden im Frequenzbereich ($10^2$ Hz - $10^7$ Hz) statt. Als Eingangssignal wurde der Multi-Sinus verwendet. Um Signal- und Rauschabstände zu verbessern, wurde eine Mittelung angewendet. Durch ständigen Wechsel des Platindrahts und die dadurch erzeugten Erschütterungen der Testkammer wurde das Zellwachstum der Endothelzellen eingeschränkt. Aus diesen Grund wurden die weiteren Messungen mit der im Einkammersystem implementierten Messvariation I durchgeführt (vgl. Abbildung 5.27) [93]. Zur Verbindung zwischen Impedanzgerät und Testkammer wurden Krokodilklemmen an die Federkontaktstifte geklemmt. Die Halterung mit integrierten Kontaktstiften soll die Messungen vereinfachen und für eine präzisiere und störungsfreie Messung sorgen. Die Federkontaktstifte ermöglichen durch konstante Anpresskraft eine zuverlässige Kontaktierung.

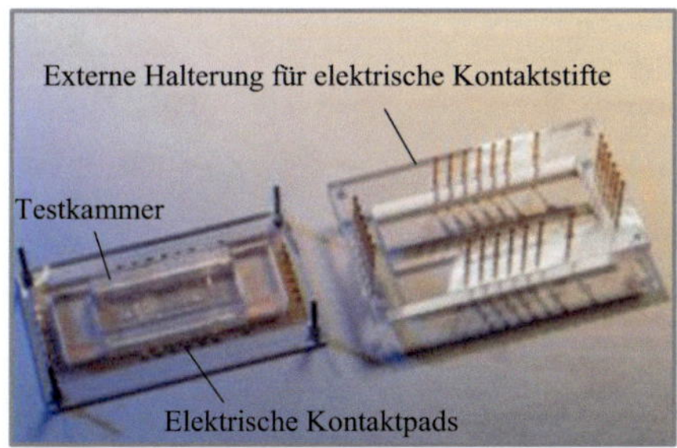


Abbildung 5.27: Aufnahme der Testkammer mit integrierten Elektroden (Messvariation I) (vgl. Abbildung 3.36). Bei dieser Version wurde die Gegenelektrode auf der Membran integriert.

### 5.6.2 Biokompatibilität der Isolierungsschicht

Um die Leiterbahnen auf der Membran zu isolieren, wurde mittels Spin Coating AZ 4533-Lack aufgetragen. Dieser AZ-Lack bildet somit die oberste Schicht auf der Membran, auf der die Zellkultivierung stattfinden soll. Da im Vorfeld Unsicherheiten bezüglich der Biokompatibilität des AZ-Lacks bestanden, wurde dieser dahingehend getestet. Das erfolgreiche Zellwachstum (spindelförmige Morphologie) ist ein Indikator für die Biokompatibilität des ausgewählten Photoresist (vgl. Abbildung 5.28) [90].

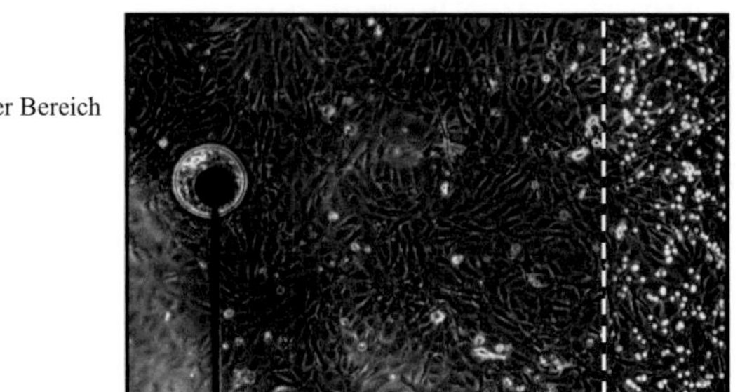


Abbildung 5.28: Phasenkontrastmikroskopische Aufnahme der Zellaussaat nach 24 Stunden. Sehr gut zu erkennen ist der Übergang vom porenfreien zum porösen Bereich (gestrichelte Linie) [92].

### 5.6.3 Impedanzmessungen

Nach [22]weisen die zellfreien Elektroden eine konstante Impedanz von $10^3$ $\Omega$ auf. Bei einem vollständigen Wachstum von Endothelzellen hat die Impedanz einen höheren Wert von etwa $10^5$ - $10^7$ $\Omega$ [107]. Dabei steigen die Impedanzwerte mit dem Ausbilden der Zell-Zell-Kontakte bzw. Zell-Substrat-Kontakte. Je besser die Zell-Zell-Kontakte bzw. Zell-Substrat-Kontakte ausgebildet sind, desto schlechter wird der Strom geleitet und desto höher wird der komplexe Wechselstromwiderstand. Sobald die als Isolation fungierenden Zellen ihre Kontakte nach 24 Stunden ablösen und sich zurückbilden respektive absterben, ist eine Abnahme der Impedanzwerte zu erwarten. Diese Rückbildung der Zellen ist ein natürlicher Prozess. Auf Grund des Platzmangels in der Testkammer können sich die Zellen nicht weiter ausbreiten und wachsen. Dies hat Apoptose zur Folge (vgl. Abschnitt 5.1). Ein weiteres Experiment soll zeigen, ob die Elektrodengröße Einfluss auf die Impedanzmessungen hat. Nach [107-108] sinkt der Impedanzbetrag mit der Elektrodenfläche. Die nächsten Abschnitte erläutern die Ergebnisse der Impedanzmessung nach Frequenz. Abbildung 5.29 zeigt das Ergebnis der

Impedanzmessung mit EGM2-Medium (2 ml). Die Ergebnisse zeigen, dass das EGM2-Medium bei niedrigeren Frequenzen eine Impedanz im von $10^5$ $\Omega$ besitzt. Die Elektrodenoberfläche liegt frei, dadurch wird der Strom besser geleitet, wodurch ein niedrigerer Impedanzwert verursacht wird. Allerdings sinken die Werte bei höheren Frequenzen stark ab. Abbildung 5.30 zeigt eine phasenkontrastmikroskopische Aufnahme einer großen Elektrode ($\varnothing$ = 200 µm) nach der Befüllung mit EGM2-Medium. Es konnte gezeigt werden, dass Parameter wie Temperatur und $CO_2$-Sättigung die absoluten Werte der Impedanz ändern und somit Messungenauigkeiten im Frequenzbereich < $10^4$ Hz verursachen können (vgl. Abbildung 5.29). Wie erwartet, hatten große Elektroden eine kleinere Impedanz [109].

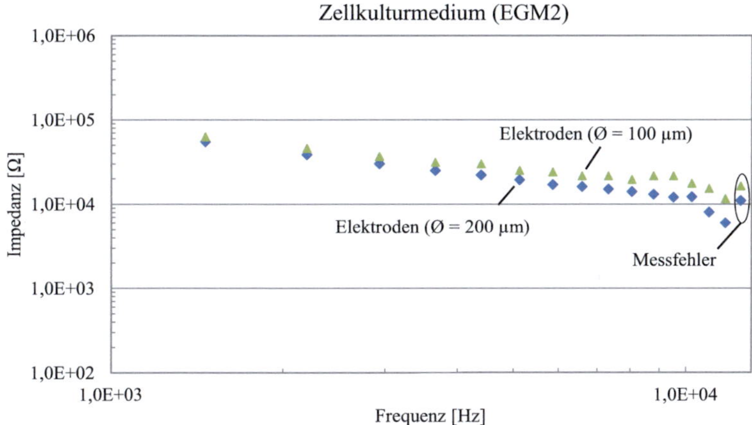


Abbildung 5.29: Ergebnisse der Impedanzmessungen von Zellkulturmedium. Die Ergebnisse zeigen, dass das Zellkulturmedium einen geringen Impedanzwert hat. Kleinere Elektroden haben einen größeren Impedanzwert als große Elektroden.

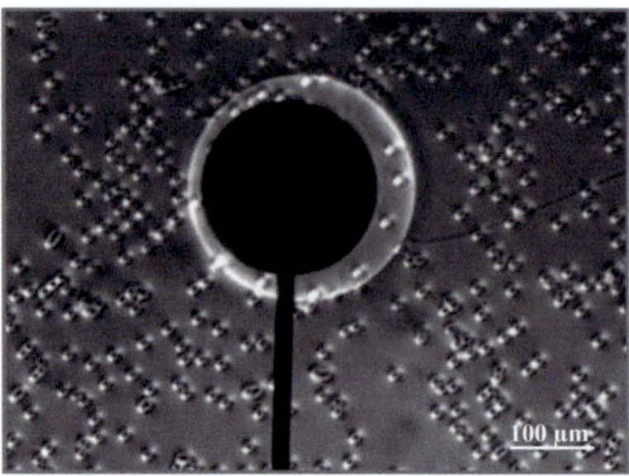

Abbildung 5.30: Phasenkontrastmikroskopische Aufnahme einer Elektrode mit einem Durchmesser von 200 µm in Zellkulturmedium vor der Endothelzellaussaat in einem porösen Bereich. Die Poren besitzen einem Durchmesser von 5 µm.

Nach Befüllung der Testkammer mit Medium erfolgt die Zugabe der vorgewärmten Gelatine (2 ml). Abbildung 5.31 zeigt die Impedanzmessung mit Gelatine an zwei unterschiedlichen Elektrodengrößen. Die Gelatine besitzt eine niedrige Impedanz. Allerdings sinken die Werte bei höheren Frequenzen nicht so stark wie beim Medium ab. Abbildung 5.32 zeigt die phasenkontrastmikroskopische Aufnahme einer großen Elektrode in einem porenfreien Bereich nach der Befüllung mit Gelatine [109].

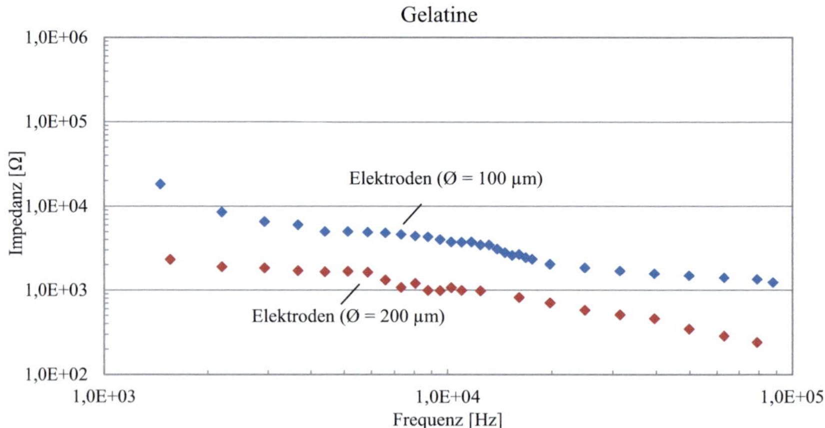


Abbildung 5.31: Ergebnisse der Impedanzmessungen nach der Zugabe der Gelatine. Bei Gelatine konnte erneut nachgewiesen werden, dass kleinere Elektroden einen größeren Impedanzwert als die großen Elektroden haben.

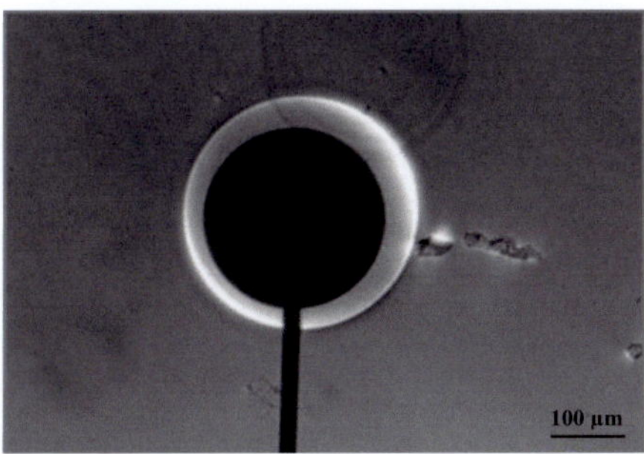



Abbildung 5.32: Phasenkontrastmikroskopische Aufnahme einer einzelnen Elektrode vor der Endothelzellaussaat in einem porenfreien Bereich, der mit Gelatine beschichtet ist.

Abbildung 5.33 zeigt das Impedanzspektrum kultivierter Endothelzellen im mikrofluidischen Testsystem nach 3,5 Stunden. Wie erwartet, ist eine Erhöhung der Impedanz mit dem Beginn der Zellaussaat zu sehen (vgl. Abbildung 5.29). Wie schon erwähnt wurde, begannen die Zellen auf der Elektrodenoberfläche anzuwachsen und sich auszubreiten (vgl. Abbildung 5.34). Dadurch wird die elektrische Leitung verringert und die Impedanz erhöht [109].

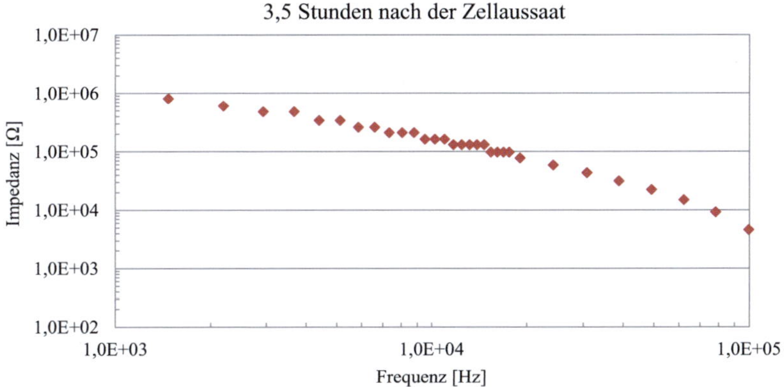



Abbildung 5.33: Ergebnisse der Impedanzmessungen nach 3,5 Stunden Zellwachstum. Während der Kultivierungsphase nach der Endothelzellenaussaat erhöht sich der Impedanzwert langsam. Das erfolgreiche Zellwachstum ist auch ein Indikator für die Biokompatibilität des ausgewählten Photoresists.

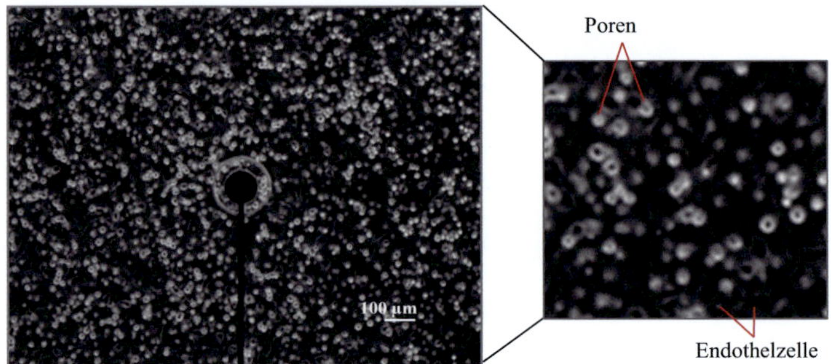



Abbildung 5.34:Phasenkontrastmikroskopische Aufnahme einer einzelnen kleinen Elektrode nach 3,5 Stunden Zellwachstum (links). Die vielen hellen Punkten zeigen die Poren auf der Membran und die länglichen dunklen Strukturen sind die Endothelzellen (vgl. Ausschnittvergrößerung rechtes Bild).

Der maximale Impedanzbetrag wird erst bei Ausbildung eines konfluenten Layers erreicht und bleibt fast konstant, bis die Zellen aus Platzmangel absterben (vgl. Abbildungen 5.35 und Abbildung 5.36, linkes Bild) [109].

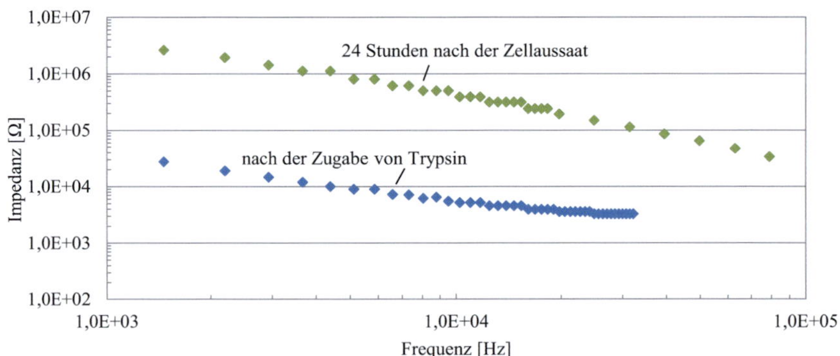



Abbildung 5.35: Ergebnisse der Impedanzmessungen nach 24 Stunden Wachstum von Endothelzellen (grüne Messpunkte) und die Ergebnisse nach der Zugabe von EDTA-Trypsin (blaue Messpunkte). Nach 24 Stunden erreichte der Impedanzwert sein Maximum und bliebt konstant bis Trypsin zur Ablösung der Endothelzellen von der Oberfläche zugeführt wurde. Der Ablösung folgt eine signifikante Abnahme der Impedanz.

Um das Verhalten der Endothelzellen bzw. Endothelschicht bei externer Manipulation zu untersuchen, wurde das Testsystem bei konstant bleibendem Impedanzwert nach 24 Stunden mit 2 ml EDTA-Trypsin (Zell-Ablösemittel) befüllt. Die Ergebnisse zeigen, dass bei Zugabe von Trypsin die Impedanz stark sinkt (vgl. Abbildung 5.35) [109]. Dadurch lösten sich die Zell-Zell-Kontakte, besonders die sog. Tight Junctions-Verbindungen (vgl. Abschnitt 2.1.8 und Abbildung 5.36, rechtes Bild).

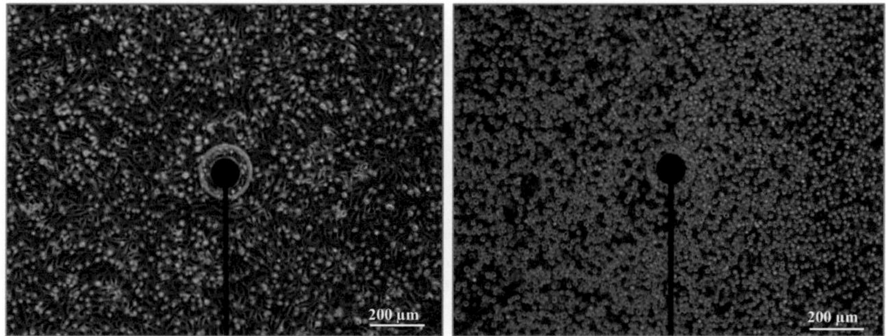


Abbildung 5.36: Phasenkontrastmikroskopische Aufnahmen von Endothelzellen nach 24 Stunden Wachstum (links) und nach Zugabe von Trypsin (rechts). Im Gegensatz zu den spiralförmig anhaftenden Endothelzellen (grau mit dunklem Kern), erscheinen die abgelösten Zellen als helle Kügelchen im Medium schwimmend.

Schließlich wurde das Zellkulturmedium entfernt und die Zellen starben, was zu einer weiteren Abnahme der Impedanz führte (vgl. Abbildung 5.37). Die Impedanzmessungen wurden durch mikroskopische Untersuchungen des endothelialen Wachstums begleitet.

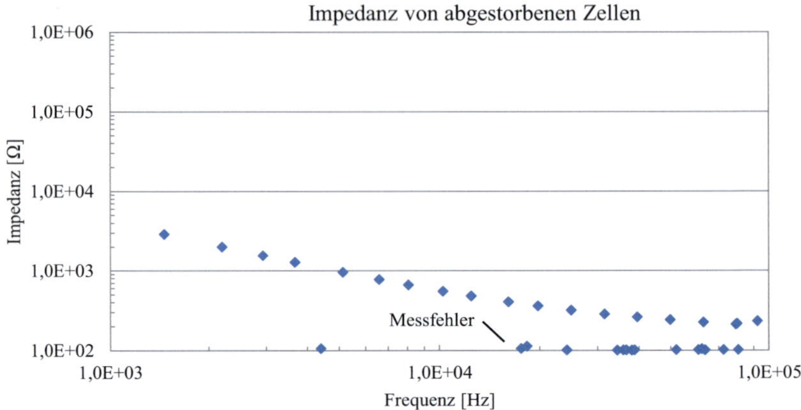


Abbildung 5.37: Ergebnisse der Impedanzmessung von abgestorbenen Zellen

### 5.6.4 Optimierung des Elektrodendesigns

Nach den ersten Experimenten wurde entschieden, dass für weitere Untersuchungen der Eigenschaft von Endothelzellen das Layout der Elektrodenstrukturen aus nachfolgenden Gründen überarbeitet werden sollte:

- Mit dem ersten Design war kein schneller Wechsel der aktiven Elektroden möglich,
- Elektroden, besonders die innen liegenden, wurden selten benutzt.

Beim neuen Design werden die Elektroden alle auf eine Seite geleitet (vgl. Abbildung 5.39). Der Durchmesser der Messelektroden beträgt einheitlich 200 µm, woraus eine Fläche von 0,0314 mm² resultiert. Bei einem durchschnittlichen Endothelzelldurchmesser von 5 - 7 µm wird jede Elektrode von etwa 800 - 1500 Zellen besiedelt. Die Fläche der Gegenelektrode ändert sich nicht. Die Abmaße betragen 35 mm in der Länge und 300 µm in der Breite. Damit ist die Fläche etwa 334-fach größer als die Fläche der Messelektroden. Die Anzahl der Messelektroden beträgt vier pro Kanalsystem, davon befinden sich je zwei im äußeren und zwei im mittleren Kanal. Jeweils zwei weitere Elektroden pro System liegen auf der Membran außerhalb des porösen Bereichs. Diese dienen als Referenzelektroden. Die Leiterbahnen sind 50 µm breit, um ihre Widerstandsfähigkeit gegenüber mechanischen Belastungen bei weiteren Prozessschritten und in der Handhabung des Chips zu erhöhen.

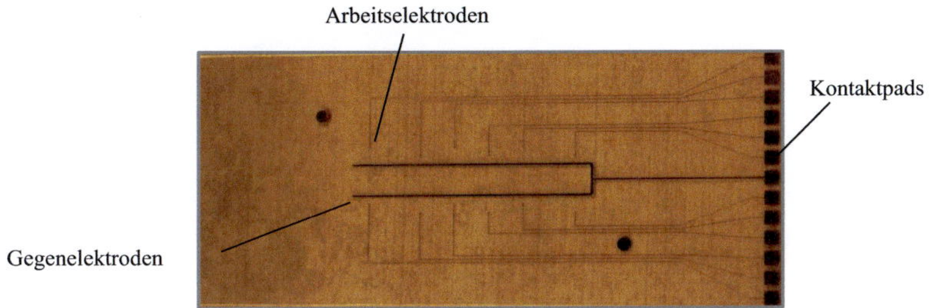



Abbildung 5.38: Lichtmikroskopische Aufnahme der Membran.

Die Abbildungen 5.40 und 5.41 zeigen die Leiterplatte mit Schaltermatrix für das neue Design, welches als Multiplexer ein einfaches Zu- und Abschalten der verschiedenen Arbeitselektroden ermöglicht. Dieses optimiert die Impedanzmessungen mittels eines Zwischenadapters. Durch Kontaktpads wird die Impedanz einzelner Elektroden auf der Membran messtechnisch abgegriffen (vgl. Anhang F) [95].

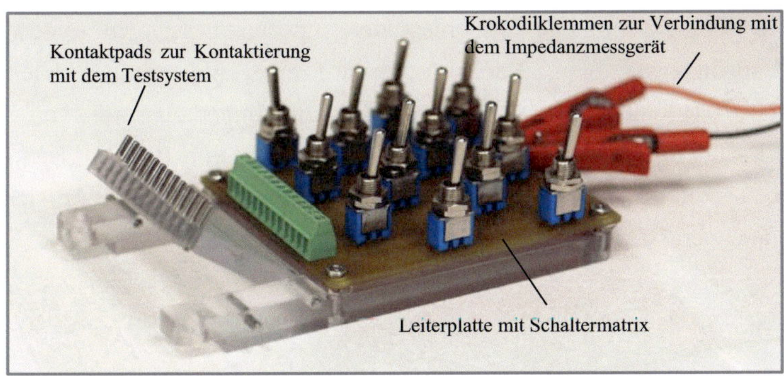



Abbildung 5.39: Leiterplatte mit Schaltermatrix zur Kontaktierung des Chipsystems [95].

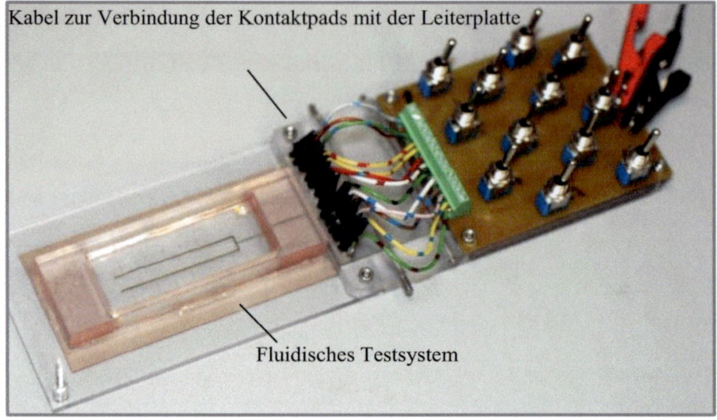



Abbildung 5.40: Darstellung der Leiterplatte mit angeschlossenem fluidischen Testsystem.

### 5.6.5 Impedanzmessungen mit dem neuen Elektrodendesign und unter Nutzung eines Messadapters

Zur Verifizierung der neuen Elektrodenstrukturen sowie des Messadapters wurden Impedanzmessungen durchgeführt. Der komplette Messadapter mit Testkammer ist in Abbildung 5.41 dargestellt. Die ersten Vorversuche wurden am IMT mit verschiedenen fluidischen Medien unter normalen Laborbedingungen durchgeführt. Die Ergebnisse der Impedanzmessungen zeigen, dass der Impedanzwert einer NaCl-Lösung auf einer planaren Goldelektrode zwischen $10^4$ und $10^5$ $\Omega$ liegt [110]. Die Impedanzwerte von PBS-Pufferlösung und KCl sind bei niedrigen Frequenzen von $10^3$ - $10^5$ Hz kleiner als die einer Kochsalzlösung. Bei höheren Frequenzen nähern sich die Impedanzwerte denen der Kochsalzlösung an (vgl. Abbildung 5.42).

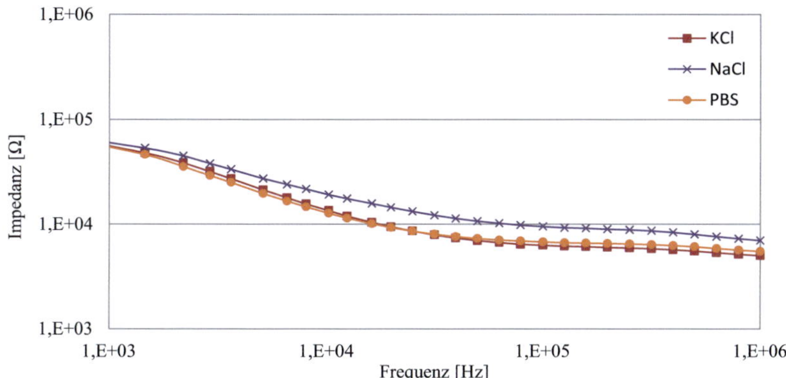


Abbildung 5.41: Impedanzmessungen von verschiedenen fluidischen Lösungen: NaCl-Lösung , KCl-Lösung und PBS-Pufferlösung.

Als nächstes wurden die Reaktion der Endothelschicht auf eine Manipulation mit Substanzen wie Trypsin sowie die Interaktion der Endothelschicht mit Krebszellen untersucht. Der zeitliche Verlauf der Impedanz ist i in Abbildung 5.42 dargestellt. Dabei wurde das Testsystem bei konstant bleibendem Impedanzwert nach 24 Stunden mit Krebszellen und 2 ml EDTA-Trypsin (Zell-Ablösemittel) befüllt. Der Impedanzwert steigt bei der Hinzugabe von Zellen und mit der Ausbildung der Kontakte zwischen den Zellen (I). Nach 24 Stunden hat die Impedanz ihren Höchstwert erreicht und bleibt zunächst konstant (II). Bei Zugabe der Krebszellen (III) ändert sich den Impedanzwert aufgrund von Zellformänderungen und Rückzug der endothelialen Monolayer. Zuerst heften die Tumorzellen auf dem Zelllayer an und ändern sich ihre Geometrie. Dadurch bricht die Zellverbindung auf und die Tumorzellen dringen durch die Schicht. Nach Zugabe von Trypsin (IV) lösen sich die Zellen von der Oberfläche, der Impedanzwert fällt dadurch stark ab.

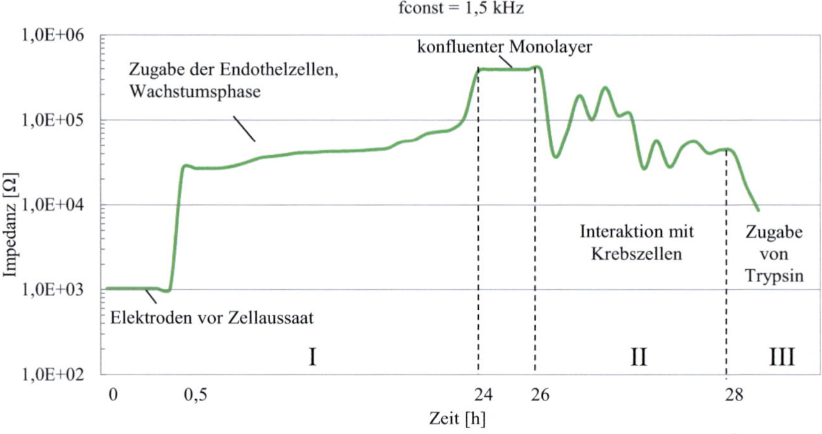


Abbildung 5.42: Zeitlicher Verlauf der Impedanz. Der Impedanzwert steigt bei der Hinzugabe von Zellen und mit der Ausbildung der Kontakte zwischen den Zellen, sowie zwischen den Zellen und dem Substrat (I). Der Impedanzwert erreicht seinen Höchstwert bei 24 Stunden. Danach bleibt die Impedanz konstant (II). Bei Zugabe der Krebszellen (III) ändert sich den Impedanzwert aufgrund von Zellformänderungen. Zuerst heften die Tumorzellen auf dem Zelllayer an und ändern sich ihre Geometrie. Dadurch bricht die Zellverbindung auf und die Tumorzellen dringen durch die Schicht. Nach Zugabe von Trypsin (IV) lösen sich die Zellen von der Oberfläche, der Impedanzwert fällt dadurch stark ab.

## 5.7 Integration der Membran mit Goldelektrode in den Zweikammer-Chip

Durch ECIS-Messungen war es möglich, eine Charakterisierung der humanen zellulären Monoschichten und damit eine Untersuchung einer reifen Endothelzellschicht unter Scherströmung zu erzielen. Die Versuche zeigen eine Übereinstimmung zwischen mikroskopischem Nachweis des Zellwachstums und der elektrischen Impedanzmessungen. Anschließend erfolgt die Integration der Membran mit Goldelektroden in den mikrofluidischen Zweikammer-Chip (vgl. Abbildung 5.43). Diese Membran konnte mittels thermischen Bondens und mit den bekannten Parametern (vgl. Abschnitt 3.8) mit den mikrofluidischen Chipteilen verbunden werden. Anschließend wurden Adaptoren und Schläuche durch Kleben angebracht.

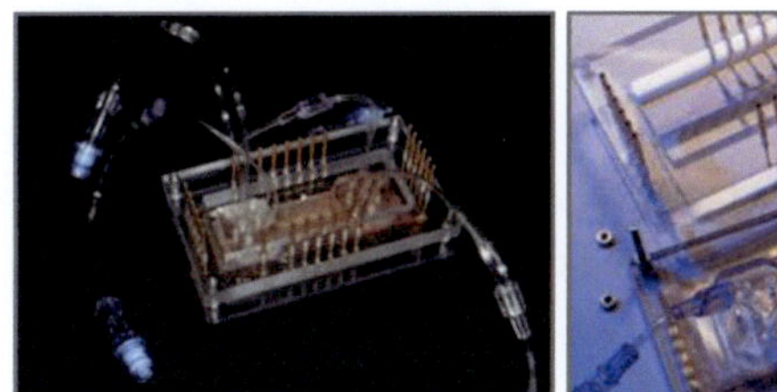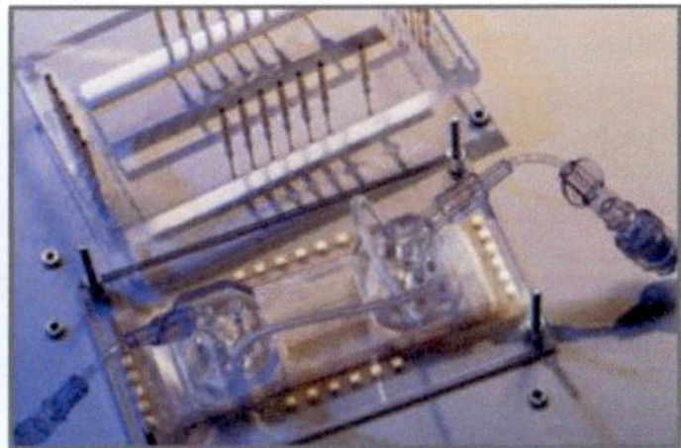

Abbildung 5.43: Aufnahmen des mikrofluidischen Zweikammer-Chips, mit auf der Membran integrierten Elektroden, sowie das Halterung zur Impedanzmessung (dargestellt aus zwei unterschiedlichen Perspektiven) [109].

## 5.7.1 Impedanzmessungen mit Medium M199 und Gelatine

Nach der Integration der Membran in den mikrofluidischen Zweikammer-Chip wurden zur Verifizierung des Chipsystems Vergleichsmessungen mit Medium (M199) und Gelatine durchgeführt. Abbildung 5.44 zeigt die Ergebnisse der Impedanzmessungen. Im Vergleich mit Abbildungen 5.29 und 5.31 sieht man, dass sich die Ergebnisse zu großen Teilen gleichen. Das Kulturmedium M199 besteht aus anderen Bestandteilen als das EGM2. Dies führt zu einer stärkeren Abnahme der Impedanzwerte bei höheren Frequenzen. Dieses Experiment wurde bisher ohne Inkubator durchgeführt, was die Messungenauigkeiten zum Teil erklären kann.

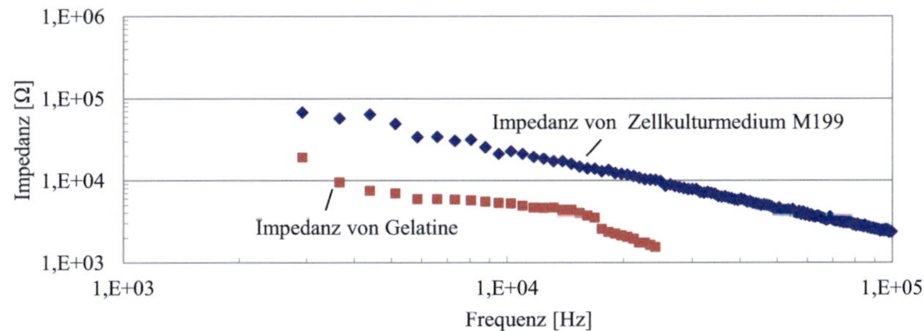


Abbildung 5.44: Ergebnisse der Impedanzmessungen des Zellkulturmediums. Die Ergebnisse zeigen, dass das Zellkulturmedium einen sehr geringen Impedanzwert hat (vgl. Abbildung 5.29).

## 5.8 Diskussion

Mit Hilfe integrierter Sensorik wurde versucht, die Wechselwirkungen zwischen den Endothelzellen und der Krebszelle während des Prozesses der Extravasation unter mikrovaskulären Strömungsverhältnissen zu charakterisieren.

Die Goldelektroden-basierte Untersuchung der elektrischen Eigenschaften der Endothelschicht mittels Impedanzspektroskopie ermöglicht eine Differenzierung zwischen den Einzelbeiträgen aus den Zell-Zell-Kontakten, dem Zell-Substrat-Kontakt und der spezifischen Zellschichtkapazität zur Impedanz. Dabei sollen die Zellveränderungen, die in Abhängigkeit von der Elektrodenoberfläche auftreten könnten, messtechnisch detektiert werden. Für Endothelzellen, die eine sehr wichtige Rolle bei der Untersuchung des Extravasationsprozesses spielen, konnten Unterschiede in der Zellmorphologie und den Barriereeigenschaften mit Hilfe der ECIS-Methode beschrieben und analysiert werden.

Es konnte nachgewiesen werden, dass die Endothelzellen auf dem Substrat (Polycarbonatmembran) anwachsen, einen dichtgepackten Layer bilden und der Zellverband damit eine physiologisch-endotheliale Charakteristik aufweist, die weitere Untersuchungen ermöglicht. Bemerkenswert ist, dass die ECIS-Messungen mehrere Vorteile im Vergleich zu anderen Transmigrations-Assays wie dem Boyden-Kammer-Assay bieten. Dazu gehören die bessere Nachbildung der in vivo-Bedingungen, eine hohe Empfindlichkeit und die Möglichkeit der Echtzeitüberwachung.

Die verschiedenen Komponenten der Tumorzell-Endothelzellinteraktion konnten in vitro unter Verwendung einer Monoschicht aus menschlichen Endothelzellen (HUVEC) und überströmenden Krebszellen nachgebildet werden. Die hier beschriebenen Impedanzmessungen konnten erfolgreich zur Charakterisierung der Endothelschicht und deren Interaktion mit den Krebszellen genutzt werden, gleichzeitige phasenkontrastmikroskopische Aufnahmen wurden ergänzend  zur Charakterisierung und Quantifizierung des Extravasationsprozesses verwendet.

Die in dieser Arbeit vorgestellten Methoden zur Herstellung des gesamten Zweikammer-Chipsystems bieten gegenüber bestehenden Verfahren und Systemen zur Messung der Endothelzell-Tumorzell-Interaktion und sowie der Transmigration von Krebszellen folgende vielfältige Vorteile: die Herstellungsmethode ist effizient und präzise, die Materialien sind biokompatibel, in den mikrofluidischen Kanäle herrschen mikrovaskulären Flussbedingungen, die Daten können leicht und in Echtzeit quantifiziert werden und ermöglichen eine multiparametrische Charakterisierung der Vorgänge [18-25, 111].

# 6 Zusammenfassung

In der vorliegenden Arbeit wurde erstmalig ein mikrofluidischer Zweikammer-Chip als künstliches Blutgefäß auf Polymerbasis mit integrierten Messelektroden für die Untersuchung der Barriereeigenschaften der Endothelzellen und des Metastasierungsvorgangs von malignen Tumorzellen vorgestellt und charakterisiert. Ausgehend von den biologischen Zusammenhängen, wie der Wanderung der Tumorzellen durch die Endothelschicht und Basalmembran, wurden folgende technische Anforderungen an das fluidische System abgeleitet:

- Biokompatibilität,
- Kanalabmaße und Design,
- Struktur der Membran und Porendichteverteilung.

Die Anforderungen wurden mithilfe moderner mikrosystemtechnischer Fertigungsverfahren umgesetzt:

- Mikrozerspanung zur direkten Herstellung der mikrofluidischen Prototypen,
- Abformtechnik zur Fertigung der Chipteile in größeren Stückzahlen,
- Lasermikrobearbeitung zur Erzeugung von regelmäßigen Porendichteverteilungen auf der Membran,
- Kernspurverfahren mit anschließendem Ätzen zum Erzeugen von statistisch verteilten Poren auf der Membran,
- Trockenätzen zum Erzeugen von Poren auf Membranen, die aus PC-Lösungen hergestellt wurden,
- Mikromontagetechniken wie thermisches Bonden und Klebeverfahren zur Verbindung der einzelnen mikrofluidischen Komponenten.

Zusätzlich wurden Goldelektroden auf der Membran integriert, um neben der optischen Detektion mithilfe von Impedanzmessungen sowohl die Charakterisierung der Eigenschaften der Endothelschicht, als auch die Detektion der Durchdringung durch Tumorzellen zu ermöglichen.

Folgende Schritte wurden durchgeführt:

- Anhand der Abmaße der Kanalstrukturen und der messtechnischen Rahmenbedingungen wurden geeignete Designs für die Elektroden konzipiert.
- Goldelektroden wurden mithilfe lithographischer Verfahren auf der Membran strukturiert.
- Zwei Messversionen wurden für die Impedanzmessung ausgewählt und auf ihre Funktionen getestet.
- Anhand der ersten Ergebnisse wurden Optimierungsmaßnahmen durchgeführt.

Mithilfe von numerischen Simulationen mit ANSYS FLUENT wurde u. a. das Fließverhalten der Tumorzellen innerhalb des Kanalsystems analysiert. Dazu wurden die Parameter Masse, Durchmesser und Durchflussraten der Krebszellen sowie Dichte und Viskosität des Blutes verwendet. Durch die Simulationen konnte gezeigt werden, dass etwa 9 % der Krebszellen, die als „Partikel" modelliert wurden, im mikrofluidischen Kanalsystem verbleiben. Diese Anzahl kann im realen Experiment auf der endothelialen Schicht anhaften und nur ein geringer Teil durchdringt die Schicht. Dieses Verhalten konnte durch biomedizinische Experimente bestätigt werden.

Sowohl die Chipsysteme für die Untersuchung der Biokompatibilität der Membranen als auch jene für die Untersuchung des Migrationsvorgangs wurden auf ihre Funktion hinsichtlich

- Dichtigkeit,
- Transparenz,
- Durchfluss

ausführlich untersucht. Auf Basis der erhaltenen Ergebnisse wurden einige Optimierungen durchgeführt:

- Verbesserung der Bondparameter,
- Verbesserung der fluidischen Anschlüsse,
- Verbesserung der optischen Grenzflächen.

Die Membran mit integrierter Messsensorik wurde nach erfolgreichen Vortests in den mikrofluidischen Zweikammer-Chip integriert. Dabei wurden die Impedanzmessungen bei verschiedenen Endothelzellaussaaten gemessen und bewertet, begleitet durch mikroskopische Untersuchungen des endothelialen Wachstums. Folgende Ergebnisse konnten erzielt werden:

- Die Ausbildung eines konfluenten Monolayers von Endothelzellen nach 24 Stunden konnte durch die Impedanzmessungen nachgewiesen werden.
- Eine Zerstörung der Zell-Zell-Verbindungen der Endothelschicht durch externe Manipulation mit Trypsin führt zu einer Abnahme des Impedanzmesswerts.
- Die Interaktion der Krebszellen mit dem Endothel führt aufgrund von Änderungen der Zellform und dem Rückzug der endothelialen Monolayer zu starken Schwankungen der Impedanz.

# 7 Ausblick

Das im Rahmen dieser Arbeit entwickelte mikrofluidische Zweikammer-Chipsystem kann weiterhin als artifizielles Gefäßmodell verwendet werden, in welchem durch optische und messtechnische Detektion realistische *in-vitro*-Beobachtungen von weiteren biologischen Prozessen, wie der Transmigration von verschiedenartigen Krebszellen, der Migration von Granulozyten bzw. Monozyten und Lymphozyten bei Entzündungen oder auch der Hämostase, jeweils in ihrem wechselseitigen Zusammenspiel mit Endothelzellen, durchgeführt werden können.

Die Endothelzellschicht kann durch verschiedenste Stimulantien, zirkulierende Blutzellen, pathophysiologische Bedingungen und auch maligne Tumorzellen aktiviert werden. Tumore produzieren bestimmte Chemokine, die eigentlich harmlose Botenstoffe von Immunzellen sind. So sind zum Beispiel erhöhte Werte des Chemokins „CCL2" typisch für metastasierende Brust-, Prostata- und Darmkarzinome. CCL2 ist auch ein Hinweis auf eine erhöhte Tumoraktivität und direkt an der Bildung der Metastasen beteiligt. Die CCL2-Chemokine haften an die Zellen der Endothelzellen an und aktivieren dort den entsprechenden Rezeptor (Vascular Endothelial Growth Factor (VEGF)). Mit diesem Mechanismus können die Krebszellen die Endothelschicht durchdringen und im umgebenden Gewebe Metastasen bilden [112]. Vorstellbar wäre, an Hand des in dieser Arbeit entwickelten mikrofluidischen Chips diesen Vorgang zu analysieren, um mit bestimmten Substanzen oder auch zielgerichteten Manipulationen der Endothelzellen die Auswanderung der Krebszellen aus der Blutbahn in das Gewebe zu verhindern.

Auch bei der unspezifischen Immunabwehr im Rahmen des Entzündungsprozesses spielt die Endothelzellschicht eine wichtige Rolle. Die unspezifische Immunabwehr besteht u. a. aus der Extravasation von Monozyten durch die Endothelzellschicht, ausgelöst durch bestimmte Chemokine, unter Überwindung der im Gefäßsystem herrschenden Scherkräfte [26].

Mit dem mikrofluidischen Zweikammer-Chip wird der biomedizinischen Forschung ein neuartiges System für *in-vitro*-Untersuchungen der Interaktion zwischen unspezifischer Immunabwehr und Endothelzellen zur Verfügung gestellt.

Die Wechselwirkung von Blutzellen, insbesondere Thrombozyten und Leukozyten (Teil der zellulären Immunabwehr), mit dem aktivierten Endothel unter definierten Flussbedingungen hinsichtlich ihres Adhäsionsverhaltens eröffnet damit die Möglichkeit zur Analyse (patho-) physiologischer Prozesse der Thrombozyten/Leukozyten-Endothel-Interaktion [113].

Ein weiterer wichtiger Forschungsbereich ist die Wundheilung (Hämostase). Der entwickelte mikrofluidische Chip könnte helfen, den Prozess der Wundheilung z.B. durch Manipulation von Endothelzellen bei unterschiedlichem Scherraten zu analysieren.

Das ECIS-Prinzip ermöglicht eine nicht-invasive Analyse der adhärenten Zellen. Mit dem Verfahren könnten verschiedene molekularbiologische Prozesse wie Adhäsion, Proliferation, Migration von Tumorzellen und Makrophagen oder auch der Prozess der Wundheilung untersucht werden. Durch Langzeitmessungen wird es möglich, die kinetischen Parameter der Zellreaktion auf einen gegebenen Reiz zu untersuchen. Der hier entwickelte Zweikammer-Chip mit auf der Membran integrierter Messsensorik ermöglicht erstmalig *in-vitro*-Untersuchungen unter Fluss und definierten Scherraten.

Im Falle einer zukünftigen Kommerzialisierung des im Rahmen dieser Arbeit entwickelten mikrofluidischen Chipsystems müssen zur Massenfertigung effizientere Herstellungsverfahren wie z.B. Mikrospritzguss und teilautomatisierte Montagetechniken eingesetzt werden. Auch die Aufbau- und Verbindungstechnik muss weiter optimiert werden.

Der Mikrospritzguss ermöglicht nicht nur kürzere Taktzeiten, sondern es können auch die fluidischen Anschlüsse zur Befüllung der Gewebe- und Blutgefäßkanäle direkt in das obere Chipteil integriert werden (vgl. Abbildung 6.1). Dadurch entfallen teilweise komplizierte Montagetechniken für zusätzliche Adaptoren und mögliche Undichtigkeiten könnten so vermieden werden. Außerdem besteht die Möglichkeit fluidische Standardanschlüsse, wie z.B. Luer-Lock-Verbindungen, direkt bei der Gehäusefertigung zu integrieren.

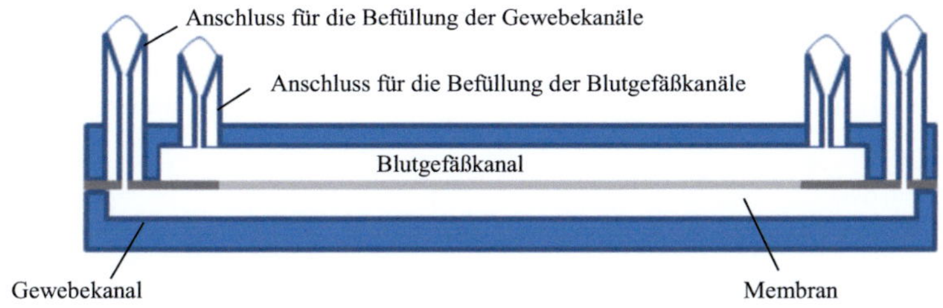



Abbildung 7.1: Schematische Darstellung des zukünftigen mikrofluidischen Chipkonzepts mit integrierten Anschlüssen. Die dargestellte Membran besteht aus zwei Bereichen: poröser Bereich (hell grau) und porenfreier Bereich (grau).

Auch im Bereich der Verbindungstechniken sind Optimierungen möglich. So können thermisches Bonden und verschiedene Klebetechniken durch Ultraschallschweißen ersetzt werden [114-115]. Ultraschallschweißen wird in Makrobereich häufig verwendet und kann alle thermoplastischen Polymere miteinander verbinden.

Der Vorteil der Ultraschallweißtechnik liegt darin, dass auf fremde Substanzen, wie Lösungsmittel oder Klebstoff, die möglicherweise negativen Einfluss auf biologische Vorgänge haben, gänzlich verzichtet werden kann. Die Taktzeiten liegen bei diesem Prozess im Bereich von nur wenigen Sekunden. Deswegen erscheint das Ultraschallschweißen für Massenfertigung sehr gut geeignet zu sein.

In den letzten Jahren wurde die Anwendbarkeit dieses Verfahrens im Mikrobereich demonstriert und für mikrostrukturierte Bauteile bzw. Mikrokanäle verwendet [114]. In einer anderen Arbeit [115] wurde gezeigt, dass u. a. fluidische Anschlüsse wie Adaptoren sich mittels Ultraschallschweißen problemlos verbinden lassen.

# Literaturverzeichnis

[1]   Zürner, P., Beckmann, I. A., Patienten und Ärzte als Partner, Bonn, 2012, ISSN 0946-4816.

[2]   Statistisches Bundesamt, Zahlen & Fakten, www.destatis.de, [Zitat vom: 24.11.2013].

[3]   Deutsche Krebshilfe e.V., http://www.krebshilfe.de/wir-informieren/ueber-krebs/krebszahlen.html, [Zitat vom: 24.11.2013].

[4]   Deutsche Krebsforschungszentrum, http://www.dkfz.de/de/forschung/schwerpunkte/fsp-c.php, [Zitat vom: 24.11.2013].

[5]   Guber, A., E., Vorlesungsskript, BioMEMS-Mikrosystemtechnik für Life-Sciences und Medizin II, Karlsruher Institut für Technologie (KIT).

[6]   Kreppenhofer, K., Modular Biomicrofluidics – Mikrofluidikchips im Baukastensystem für Anwendung in der Zellbiologie, Karlsruher Institut für Technologie (KIT), Dissertation, 2013, ISBN 978-3-7315-0036-0.

[7]   Strell, C., Lang, K., Niggemann, B., Zaenker, K. S. and Entschladen, F., Surface molecules regulating rolling and adhesion to endothelium of neutrophil granulocytes and MDA-MB-468 breast carcinoma cells and their interaction, Cell Mol Life Sci, S. 3306–16, 2007.

[8]   Song, J. W., Cavnar, S. P., Walker, A. C., Luker, K. E., Gupta, M., Tung, Y.-C., Luker G. D. and Takayama, S., Microfluidic Endothelium for Studying the Intra-vascular Adhesion of Metastatic Breast Cancer Cells, PLOS, 2009.

[9]   Desch, A., Strozyk, E. A., Bauer, A. T., Huck, V., Highly Invasive Melanoma Cells Activate the Vascular Endothelium via an MMP-2/Integrin $\alpha v\beta 5-$ nduced Secretion of VEGF-A, The American Journal of Pathology, S. 693–705, 2012.

[10]  Boyden, S., The chemotactic effect of mixtures of antibody and antigen on polymorphonuclear leucocytes, Journal of Experimental Medicine, S. 453–466, 1962.

[11]  Toetsch, S., Olwell, P., Prina-Mello A. and Volkov, Y., The evolution of chemotaxis assays from static models to physiologically relevant platforms, Integr. Biol., S. 170–181. 2009.

[12]  Allen, S., Crown, S. E. und Handel, T. M., Chemokine: receptor structure, interactions, and antagonism, Annu Rev Immunol., S. 787–820, 2007.

[13]  Fu, B. H., Wu, Z. Z. and Qin J., Effects of integrin $\alpha6\beta1$ on migration of hepatocellular carcinoma cells, Mol Biol Rep., S. 3271–6, 2011.

[14]  Hoffmann, B., Merkel, R. and Rädler, U., Zellmikroskopie unter in vivo-nahen Bedingungen, BIOspektrum, S. 401–403, 2007.

[15]  Zengel, P., Nguyen-Hoang, A., Schildhammer, Ch., Zantl, R., Kahl, V. and Horn, E., µ-Slide Chemotaxis: A new chamber for long-term chemotaxis studies, BMC Cell Biology, 2011.

[16]  Webb, K., Hlady, V. and Tresco, P. A., Relationships among cell attachment, spreading, cytoskeletal organization, and migration rate for anchorage-dependent cells on model surfaces, J. Biomed. Mat. Res., S. 362–368, 2000.

[17]  Keese, C. R., Giaever, I., Monitoring fibroblast behavior in tissue culture with an applied electric field, Proc. Nadl. Acad. Sci., S. 3761–3764, 1984.

[18]  Applied BioPhysics, http://www.biophysics.com/ecis-theory.php, [Zitat vom: 27.10.2013].

[19]  Schneeberger, E. E. and Lynch, R. D., Structure, function and multifunctional of celluar tight junctions, Am J Physiol., S. 647–61, 1992.

[20]  Schneeberger, E. E. and Lynch, R. D., The tight junction: amultifunctional complex, Am J. Physiol Cell Physiol., S. 1213–28, 2004.

[21]  Rommel, Ch. E., Tierische Zellen auf nanoporösen Oberflächen: Grundlagen und bioanalytische Anwendungen, Westfälische Wilhelms-Universität, Dissertation, Münster, 2007.

[22]  Nguyen, D. D., Domach, M. M., Huang, X. and Greve, D. W., Impedance Array Studies of Mammalia Cell Growth, http://users.ece.cmu.edu/~dwg/research/aiche.pdf, [Zitat vom: 27.10.2013].

[23] Keese, C. R., Bhawe, K., Wegener, J. and Giaever, I., Real-Time Impedance Assay to Follow the Invasive Activities of Metastastic Cells in Culture, BioTechniques, S. 842–850, 2002.

[24] Xiao, C., Luong J. H. T., On-line monitoring of cell growth and cytotoxicity using electric cell-substrate impedance sensing (ECIS), Biotechnol. Prog., S. 1000–1005, 2003.

[25] DePaola, N., Phelps, J.E., Florez, L., Keese, C.R., Giaever, I., Minnear, F.L. and Vincent, P., Electrical Impedance of Cultured Endothelium under Fluid Flow, Annals of Biomedical Engineering, S. 1–9, 2001.

[26] Dietel, M., Suttorp, N., Zeitz, M., Möckel, M., Harrisons Innere Medizin, ABW Wissenschaftsverlag, Berlin, Oktober 2002, ISBN 978-3940615206

[27] Rajabi, T., Konzeption und prototypische Fertigung eines mikrofluidischen Testsystems zur gezielten Tumorforschung, Karlsruher Institut für Technologie (KIT), Diplomarbeit, 2010.

[28] Silbernagl, S., Despopoulos, A. und Rüdige, G., Taschenatlas Physiologie, Thieme, Stuttgart, 2012, ISBN 978-3-13-567708-8.

[29] Kleinig, H. und Sitte, P., Zellbiologie, Gustav Fischer Verlag, Stuttgart 1999.

[30] Clauss, W. und Clauss, C., Humanbiologie kompakt, Spektrum Akademischer Verlag, Heidelberg, 2008.

[31] Meyer, R., Blut- und Lymphgefäße, Springer, S. 277–341, 1999

[32] Mörike, K. D., Betz, E. und Mergenthaler, W., Biologie des Menschen, Nikol Verlag, ISBN 3937872558, Hamburg, 2007

[33] Böcker, W., Denk, H., Heitz, Ph. U. und Moch, H., Pathologie, Der Urban & Fischer Verlag, München, 2004, ISBN 3437423827.

[34] Wu, M. H., Endothelial focal adhesions and barrier function, J. Physiology, 2005.

[35] Wennemuth, G., Taschenatlas Histologie, Urban & Fischer, München, 2012.

[36] Jacobi, B. und Partovi, S., Molekulare Zellbiologie, Urban & Fischer, München, 2011, ISBN 978-3-437-42686-5.

[37]  Wintermantel, E. und Ha, S. W., Medizintechnik: Life Science Engineering. Interdisziplinarität, Biokompatibilität, Technologien, Implantate, Diagnostik, Werkstoffe, Zertifizierung, Business, Springer, 2009, ISBN 3540939350.

[38]  Gstraunthaler, G., Lindl, T., Zell- und Gewebekultur, Allgemeine Grundlagen und spezielle Anwedungen, Springer Spektrum, Heidelberg, 2013, ISBN 978-3-642-35997-2.

[39]  Cell Counting with Neubauer chamber, http://celeromics.com/en/resources/docs/Articles/ Cell-counting-Neubauer-chamber.pdf, [Zitat vom: 27.08.2013].

[40]  Zellzählung und Vitalitätstest mit Trypanblau, http://www.chemieberufe.net/media/BL-Zellkultur/BL_9_ZK-Trypanbl-Pfli.pdf, 2013, [Zitat vom: 27.08.2013].

[41]  Gerlach, G. und Götzel, W., Einführung in die Mikrosystemtechnik, Carl Hanser, München und Wien, 2006, ISBN: 978-3-446-22558-9.

[42]  Wibel, W., Untersuchungen zu laminarer, transitioneller und turbulenter Strömung in rechteckigen Mikrokanälen, Technischen Universität Dortmund, Dissertation, 2008.

[43]  Schlichting, H. und Gersten, K., Grenzschichttheorie, G. Braun, Karlsruhe, 2006.

[44]  Bohl, W., Technische Strömungslehre, Vogel Buchverlag, Würzburg, 2002.

[45]  Oertel, H. und Böhle, M., Strömungsmechanik, Vieweg, Braunschweig, 1999.

[46]  Mühl, T., Einführung in die elektrische Messtechnik, Grundlagen, Messverfahren, Geräte, Vieweg+Teubner, Wiesbaden, 2012, ISBN 978-3-8351-0189-0.

[47]  Ziegler, C., Cell-based biosensors, Fresenius J Anal Chem., 366 6-7, 552-9, 1999.

[48]  Warsinke, A., Biosensoren, Biologie in unserer Zeit, S. 169–180, 1998.

[49]  Ende, D. und Mangold, K., Impedanzspektroskopie, Chemie in unserer Zeit, S. 134–140, 1993.

[50] Rädler, U. und Wegener, J., Impedanzbasiertes Screening adhärenter Zellen, BIOspektrum, S. 535–537, 2009,

[51] Grote, K. und Feldhusen, J., Dubbel: Taschenbuch für den Maschinenbau, Springer Verlag, Berlin-Heidelberg, 2007.

[52] Kotschenreuther, J., Empirische Erweiterung von Modellen zur Makrozerspanung auf dem Bereich der Mikrobearbeitung, Karlsruher Institut für Technologie (KIT), Shaker, Dissertation, Aachen, 2008, ISBN 978-3-8322-7041-4.

[53] Worgull, M., Hot Embossing, Elsevier Inc, Oxford 2009.

[54] Becker, H. und Gärtner, C., Polymer microfabrication technologies for microfluidic systems, Anal Bioanal Chem, S. 89–111, 2008.

[55] Tsao, Ch.-W. and DeVoe, D. L., Bonding of thermoplastic polymer microfluidics, Microfluid Nanofluid, S. 1–16, 2009.

[56] Menz, W., Mohr, J. und Paul, O., Mikrosystemtechnik für Ingenieure, WILEY-VCH, Weinheim, 2005, ISBN 978-3-527-30536-0.

[57] Elektronenmikroskopie, Universität Ulm, http://www.uni-ulm.de/elektronenmikroskopie/, [Zitat vom: 10.09.2013].

[58] Hornbogen, E. und Skrotzki, B., Mikro- und Nanoskopie der Werkstoffe, Verlag Springer, Heidelberg, 2009.

[59] DEKTAK, Profilometer, http://www.tf.uni-kiel.de/cma/html/profilometer.html, [Zitat vom: 10.08.2013].

[60] Das konfokale Laser Scanning Mikroskop im Überblick, Zeiss. http://www.zeiss.de/C12567BE00472A5C/EmbedTitelIntern/Konfokal esPrinzipd/$File/Konfokales_Prinzip.pdf, [Zitat vom: 27.08.2013].

[61] Kim, S.-E., Weiterentwicklung des Mikrofluidikchips zur gezielten Tumorforschung und Untersuchungen des Strömungsverhaltens im Testsystem, Karlsruher Institut für Technologie (KIT), Diplomarbeit, Karlsruhe, 2011.

[62] Schneider, M. F., Schneider, S. W., Der von Willebrand-Faktor: ein intelligenter Gefäßkleber, BIOspektrum, 2008.

[63] Kaltofen, T., persönliche Mitteilung, Chalmers University of Technology, Göteborg.

[64] Rajabi, T., Huck, V., Ahrens, R., Apfel, M. C., Kim, S. E., Schneider, S. W. and Guber, A. E., Development of a novel two-channel microfluidic system for biomedical applications in cancer research, Biomed Tech., S. 921–922, 2012.

[65] Petrova-Belova, L., Mehrlagige mikrofluidische Systeme aus Polymeren zur zweidimensionalen Kapillarelektrophorese, Karlsruher Instituts für Technologie (KIT), Dissertation, 2010, ISBN 978-3-86644-518-5.

[66] Domininghaus, H., Elsner, P., Eyerer, P., Hirth, T., Kunststoffe Eigenschaften und Anwendungen, Springer, Heidelberg-Berlin , 2008, ISBN 978-3-540-72400-1.

[67] Domininghaus, H., Die Kunststoffe und ihre Eigenschaften, Springer, Berlin-Heidelberg, 1998, ISBN 3-540-62659-X.

[68] TOPAS, Polyplastics, http://www.polyplastics.com/en/product/lines/topas/general_e.pdf, [Zitat vom: 15.11.2012].

[69] Makrofol De 1-1, http://www.Bayer AG-films.com/literature/datasheets/Makrofol_DE_1-1_000000.pdf, Bayer Material Science, [Zitat vom: 12.03.2011].

[70] Rajabi, T., Huck, V., Ahrens, R., Apfel, M. C., Kim, S. E., Schneider, S. W. und Guber, A. E., Development of a microfluidic system based on polycarbonate as an artificial blood capillary vessel for medical application in cancer research, Proceeding of the 3rd European Conference on Microfluidics, Heidelberg, 2012, ISBN 978-2-906831-93-3.

[71] Rajabi, T., Huck, V., Ahrens, R., Apfel, M. C., Kim, S. E., Schneider, S. W. und Guber, A. E., Two-chamber Microfluidic System Used as Artificial Blood Vessel for the Investigation of the Entire Migration Steps of Metastatic Intravascular Cancer Cells, Proceeding of the 7th Iranian Student Conference on Mechanical Engineering, Tehran/Iran, 2013.

[72] Brenk, U., I-SYS Mikro- und Feinwerktechnik GmbH, Gespräch über den Einsatz von Diamantwerkzeugen und Mikrozerspanung-Strategien.

[73] Siebert, J. Chr., Polykristalliner Diamant als Schneidstoff, Hanser Fachbuchverlag, 1991, ISBN 3-446-16435-9.

150

[74] Ahrens, R., Institut für Mikrostrukturtechnik (IMT), persönliche Mitteilung.

[75] Kupferinstitut,
http://www.kupferinstitut.de/front_frame/frameset.php3?client
=1&parent=14&idcat=14&lang=1&sub=yes, [Zitat vom: 10.15.2012].

[76] Eggert, F., Standardfreie Elektronenstrahl-Mikroanalyse (mit dem EDX im Rasterelektronenmikroskop): Ein Handbuch für die Praxis, Books on Demand Gmbh, 2005, ISBN 3833425997.

[77] Staude, E. Membranen und Membranprozesse, Weinheim, 1992, ISBN 3-527-28041-3.

[78] Ripperger, S., Mikrofiltration mit Membranen: Grundlagen, Verfahren, Anwendungen, VCH Verlagsgesellschaft mbH, Weinheim, 1992.

[79] Huber, F., Springer und J. Muhler, M., Plasma Polymer Membranes from Hexafluoroethane/Hydrogen Mixtures for Separation of Oxygen and Nitrogen, J. Appl. Pol. Sci., S. 1517–1526, 1998.

[80] Hao, J., Tanaka, K., Kita, H. und Okamoto, K., The pervaporation properties of sulfonyl-containing polyimidemembranes to aromatic/aliphatic hydrocarbon mixtures, Journal of Membrane Science, S. 97–108, 1997.

[81] Ebert, S., Verfahren zur Herstellung hierarchisch strukturierter poröser Membranen, Technische Universität Chemnitz, Dissertation, 2011.

[82] Cell culture track-etched membranes,
http://www.it4ip.be/en_US/products/cell-culture.html, [Zitat vom: 24.08.2011].

[83] Rösler, H.-W., Membrantechnologie in der Prozessindustrie- Polymere Membranwerkstoffe, Chemie Ingenieur Technik, 2005, DOI 10.1002/cite.200500031.

[84] Toimil-Molares, E., Materials Research Department, GSI Helmholtz Centre for Heavy Ion Research, persönliche Mitteilung.

[85] Giaever, I. und Keese, Ch. R., Micromotion of mammalian cells measured electrically, Proc. Nail. Acad. Sci., Vol. 88, S. 78–7900, 1991.

[86] Ghosh, P. M., Keese, Ch. R. and Giaever, I., Monitoring electroperme-abilization in the plasma membrane of adherent mammalian cells, Biophysical Journal, Volume 64, Issue 5, S. 1602–1609, 1993.

[87] Giaever, I. and Keese, C. R., A morphological biosensor for mammalian cells, Nature, S. 591–592, 1993.

[88] Reiß, B., Mikrogravimetrische Untersuchung des Adhäsionskontakts tierischer Zellen:Eine biophysikalische Studie, Westfälische Wilhelmsuniversität Münster, Dissertation, 2004.

[89] Poppendieck, W., Untersuchungen zum Einsatz neuer Elektrodenmaterialien und deren Evaluation als Reiz- und Ableitelektrode, Universität des Saarlandes, Dissertation, 2009.

[90] Hillebrandt, H., Abdelghani, A., Abdelghani-Jacquin, C., Aepfelbacher, M. und Sackman, N., Electrical and optical characterization of thrombin-induced permeability of cultured endothelial cell monolayers on semiconductor electrode arrays, Appl. Phys., S. 539–546, 2001.

[91] Fauser, J., Möglichkeiten der Messung von Endothelwachstum und Adhäsions-, Migrations- und Invasionsvorgängen von Tumorzellen an und durch poröse Membranen mithilfe eines integrierten Sensors, Karlsruhe Institut für technologie (KIT), Bachelorarbeit, 2013.

[92] Rajabi, T., Huck, V., Ahrens, R., Fauser, J., Schneider, S. W. und Guber, A. E., Development of a microfluidic chip as artificial blood capillary vessel with integrated impedance sensors for application in cancer research, Proceedings of 2013 International Conference on Microtechnologies in Medicine and Biology Marina del Rey, California, USA, S. 216–217. 2013, ISBN 978-0-9743611-8-5.

[93] Bassing, C., Impedanzmessung der Adhäsion von Endothelzellen und der Migration von Tumorzellen auf und durch eine poröse Membran mithilfe einer integrierten Goldelektrode, Karlsruher Institut für Technologie (KIT), Bachelorarbeit, 2013.

[94] Völklein, F. und Zetterer, T., Praxiswissen Mikrosystemtechnik, Friedr. Vieweg & Sohn Verlag, Wiesbaden, 2006.

[95] Kees, M., Erzeugung mikroporöser Polymermembranen auf Polycarbonat-Basis mit integrierten Elektrodenstrukturen, Karlsruher Institut für Technologie (KIT), Diplomarbeit, 2014.

[96] Chloroform, http://toxcenter.org/stoff-infos/c/chloroform.pdf, [Zitat vom: 24.11.2013].

[97] Aceton, http://www.hedinger.de/uploads/media/Aceton_v017.pdf, [Zitat vom: 24.11.2013].

[98] Dichlormethan, http://www.baua.de/cae/servlet/contentblob/664382/publicationFile/47950/900dichlormethan.pdf, [Zitat vom: 24.11.2013].

[99] m-Kersol, http://www.carlroth.com/media/_de-de/sdpdf/9269.PDF, [Zitat vom: 24.11.2013].

[100] Heilig, M., Mikro-Thermoformen von sub-$\mu$-strukturierten Folien, Karlsruher Institut für Technologie (KIT), Diplomarbeit, 2008.

[101] Rajabi, T., Guber, A. E., Huck, V., Schneider, S. W. und Ahrens, R., Mikrofluidischer Chip mit mikrofluidischem Kanalsystem, Patent, DE 10 2011 112 638 B4 DE, 14. 11 2013.

[102] Oertel, H., Böhle, M. und Reviol, T., Strömungsmechanik: Grundlagen-Grundgleichungen-Lösungsmethoden-Softwarebeispiele, Vieweg+Teubner, Wiesbaden, 2009.

[103] Strömungsmechanik in der Medizin–Biofluidmechanik, http://www.charite.de/biofluidmechanik/downloads/SkriptBiofluidmechanik1.pdf, Berlin 2006, [Zitat vom: 23.09.2013].

[104] Ham, J. H., Zur Berechnung der Verweilzeitverteilung von Partikeln, Technische Universität Chemnitz, Dissertation, 2003.

[105] Cabala, E., Monitoring multiparametrischer komplexer Mikrosensorarrays für zelluläre Analytik, Heinz Nixdorf-Lehrstuhl für Medizinische Elektronik, Technischen Universität München, Dissertation, 2006.

[106] Giemsa-Lösung, https://webshop.morphisto.de/media/SDB/Sicherheitsdatenblatt_Giemsa_DE.pdf, [Zitat vom: 10.01.2014].

[107] Eick, S., Wallys, J., Hofmann, B., van Ooyen, A., Schnakenberg, U., Ingebrandt, S. and Offenhäusser, A., Iridium Oxide Microelectrode Arrays for In Vitro Stimulation of Individual Rat Neurons from Dissociated Cultures, Front Neuroengineering, 2009.

[108] Velasco, V., Williams, S. J. and Keynton, R., A microfluidic chip for impedance analysis and characterization of human umbilical vein endothelial cells under fluid shear stress, Proceedings of 2013 International Conference on Microtechnologies in Medicine and Biology Marina del Rey, California, USA, S. 154-155, 2013, ISBN 978-0-9743611-8–5.

[109] Rajabi, T., Huck, V., Ahrens, A., Fauser, J., Bassing, C., Schneider, S. W. und Guber, A. E., Investigation of endothelial growth using a polycarbonate based a microfluidic chip as artificial blood capillary vessel with integrated impedance sensors for application in cancer research, Proceedings of 2013 International Conference of the 17th International Conference on Miniaturized Systems for Chemistry and Life Sciences, 2013, S. 1809–1811, ISBN 978-0-9798064-6-9.

[110] Brüggemann, D., Nanostrukturierte Metallelektroden zur funktionalen Kopplung an neuronale Zellen, Forschungszentrum Jülich GmbH, 2010, ISBN 978-3-89336-627-9.

[111] Rahim, S., Üren, A., A Real-time Electrical Impedance Based Technique to Measure Invasion of Endothelial Cell Monolayer by Cancer Cells, J. Vis. Exp., 2011.

[112] Trick der Krebszellen, um Metastasen zu bilden, http://www.aerztezeitung.de/medizin/krankheiten/krebs/article/818011/ trick-krebszellen-metastasen-bilden.html, [Zitat vom: 15.01.2014].

[113] Huck, V., Universitätsklinikum Heidelberg-Mannheim, Gespräch über weitere biomedizinische Anwendungen des Zweikammer-Chipsystems.

[114] Truckenmüller, R., Ahrens, R., Cheng, Y., Fischer, G., Saile, V., An ultrasonic welding based process for building up a new class of inert fluidic microsensors and -actuators from polymers, Sensors and Actuators A: Physical, S. 385–392, 2006.

[115] Ng, S. H., Wang, Z. F., De Rooij, N. F., Microfluidic connectors by ultrasonic welding, Microelectronic Engineering, S. 1354–1357, 2009.

**Anhang A. Berechnung der Gesamtimpedanz nach Giaever und Keese**

$$Z_{ges} = \left( \frac{1}{Z_n} \times \left( \left[ \frac{Z_n}{Z_n + Z_m} \right] + \left[ \frac{Z_m}{Z_n + Z_m} \right] \right. \right.$$

$$\left. \left. \times \left[ \frac{1}{2} \gamma r_c \left( \frac{I_0(\gamma r_c)}{I_1(\gamma r_c)} \right) + R_b \left( \frac{1}{Z_n} + \frac{1}{Z_m} \right) \right]^{-1} \right) \right) - 1$$

$$\gamma = \frac{\alpha}{r_c} \sqrt{\frac{1}{Z_n} + \frac{1}{Z_m}}$$

$Z_n$: Impedanz der zellfreien Elektrode,

$Z_m$: Impedanzen der Zellmembranen.

Die Impedanz der Zellmembran setzt sich aus der Summe der Impedanzbeiträge der apikalen und der basolateralen Membranen zusammen (vgl. Abschnitt 2.1.6) [85, 88]:

$$Z_m = \frac{2}{j\omega C_m}$$

Mit

$C_m = 2C_z$ ($C_z$: spezifische Zellschichtkapazität)

$I_0$ und $I_1$ sind modifizierte Besselfunktionen.

Für $\alpha$ gilt:

$$\alpha = r_c \sqrt{\frac{\rho_{sub}}{d}}$$

mit

$r_c$: Radius der Zelle

$\rho_{sub}$: spezifischer Elektrolytwiderstand im Zell-Substrat-Spalt (Adhäsionskontakt)

$d$: Abstand zwischen Zelle und Substrat

**Anhang B. Vergleich der Lösungsmittel**

|  | DCM | Chloroform | m-kresol | Pyridin | 1,3-Dioxolan | Aceton |
|---|---|---|---|---|---|---|
| Gesundheitsschädlich | + | + | ++ | ++ | + | - |
| Krebserregend | nB | nB | - | - | - | - |
| Ätzend | - | - | ++ | - | - | - |
| Explosionsgefährdet | +* | - | - | - | + | +* |
| Leicht entzündlich | - | - | - | + | + | + |
| Dampfdruck (hPa) | 470 | 209 | 0,119 | 20.5 | 114 | 246 |
| Siedetemperatur (° C) | 39,7 | 61 | 203 | 115 | 75 | 56 |

*Zündtemperatur liegt zu hoch für versehentliche Entzündung, (nB: nicht bekannt, (+): trifft zu, (++) trifft stark zu und (-) trifft nicht zu [95]).

## Anhang C. Lösungszeiten

| PC-Konzentration | 1 % | 5 % | 10 % | 20 % |
|---|---|---|---|---|
| Dichloroform | 1 Stunde | 2–3 Stunden | 5–6 | 10 |
| Aceton | - | - | - | - |
| Chloroform | 1 Stunden | 2–3 Stunden | 5–6 Stunden | - |
| Pyridin | - | - | - | - |

Polycarbonat konnte sich in Aceton und Pyridin nicht komplett lösen. Die Konzentration ist Massebezogen [95].

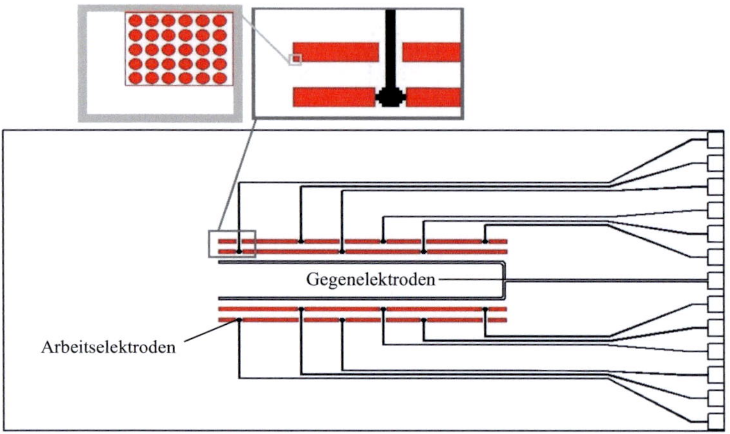


Das Layout der Poren wurde mittels eines Laserschreibers auf dem Photoresist belichtet. Die Poren haben jeweils einen Durchmesser von ca. 5 µm und liegen in einem gleichmäßigen Raster von 10 µm × 10 µm (verändert nach [95]).

## Anhang E. Umrechnungstabelle zur Bürkle-Heißpresse am IMT

Presskraft (N) = spez. Druck (N/mm$^2$) × Pressmaterialfläche (mm$^2$)

$F = 3,357 \times A$

| Einstelldruck (bar) | N | Einstelldruck (bar) | N | Einstelldruck (bar) | N |
|---|---|---|---|---|---|
| 0 | 0 | 1,6 | 12868 | 3,2 | 25736 |
| 0,2 | 1609 | 1,8 | 14478 | 3,4 | 27344 |
| 0,4 | 3217 | 2 | 16085 | 3,6 | 28953 |
| 0,6 | 4825 | 2,2 | 17693 | 3,8 | 30561 |
| 0,8 | 6434 | 2,4 | 19302 | 4,0 | 32170 |
| 1,0 | 8042 | 2,6 | 20910 | 4,2 | 33778 |
| 1,2 | 9651 | 2,8 | 22519 | 4,6 | 35387 |
| 1,4 | 11259 | 3,0 | 24127 | 4,8 | 36995 |

Minimale Pressmaterialfläche: 50 × 50 mm$^2$

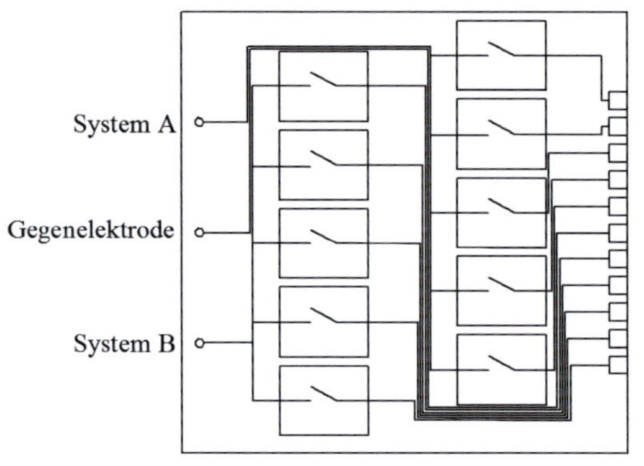


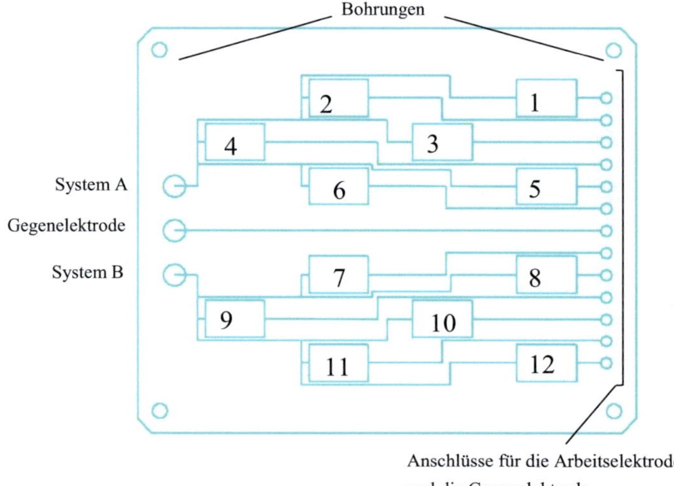


Für die Schaltungen wurden 1-polige Subminiatur-Kippschalter mit einem maximalen Kontaktwiderstand von 20 mΩ verwendet [95].

# Publikationsliste

T. Rajabi, V. Huck, R. Ahrens, M. C. Apfel, S. E. Kim, S. W. Schneider and A. E. Guber, "Development of a novel two-channel microfluidic system for biomedical applications in cancer research", Biomed Tech, 57 (S1), pp. 921-922, 2012.

T. Rajabi, V. Huck, R. Ahrens, M. C. Apfel, S. E. Kim, S. W. Schneider and A. E. Guber, "Development of a microfluidic system based on polycarbonate as an artificial blood capillary vessel for medical application in cancer research", Proceedings of the 3rd European Conference on Microfluidics-Heidelberg, 2012, (selection of the best long papers).

T. Rajabi, V. Huck, R. Ahrens, M. C. Apfel, S. E. Kim, S. W. Schneider and A. E. Guber, "Two-chamber Microfluidic System Used as Artificial Blood Vessel for the Investigation of the Entire Migration Steps of Metastatic Intravascular Cancer Cells", 7th Iranian Student Conference on Mechanical Engineering-STU2013 19-21 Feb, 2013, School of Mechanical Eng., University of Tehran, Iran, (best paper), Encyclopedia of Civil Engineering, ISBN 978-600-91530.

T. Rajabi, R. Ahrens, J. Fauser, V. Huck, S. W. Schneider, A. E. Guber, "Development of a microfluidic chip as artificial blood capillary vessel with integrated impedance sensors for application in cancer research", Proceedings of 2013 International Conference on Microtechnologies in Medicine and Biology, Marina del Rey, California, USA, 2013, S. 216-217, ISBN 978-0-9743611-8-5.

T. Rajabi, V. Huck, R. Ahrens, C. Bassing, J. Fauser, S. W. Schneider and A. E. Guber, "Investigation of endothelial growth using a polycarbonate based a microfluidic chip as artificial blood capillary vessel with integrated impedance sensors for application in cancer research", Proceedings of 2013 International Conference of the 17th International Conference on Miniaturized Systems for Chemistry and Life Sciences, MicroTAS 2013, Freiburg, S.1809-1811, ISBN 978-0-9798064-6-9.

## **Patent**

DI T. Rajabi, Prof. Dr. A. E. Guber, Dr. V. Huck, Prof. Dr. S. W. Schneider, Dr. R. Ahrens, "Mikrofluidischer Chip mit mikrofluidischem Kanalsystem", DE 10 2011 112 638 B4, Tag der Veröffentlichung: 14.03.2013.

# Betreute studentische Arbeiten

Seoung Eun Kim
Weiterentwicklung des Mikrofluidikchips zur gezielten Tumorforschung und Untersuchungen des Strömungsverhaltens im Testsystem, Institut für Mikrostrukturtechnik, KIT, Diplomarbeit, 2011.

Lohith Pemmasani
Simulationsrechnungen auf Basis von COMSOL-Simulation für das mikrofluidische System, Praxissemesterarbeit an der Hochschule Furtwagen, 2013.

Mohammad Soltan Abady
Entwicklung einer funktionalisierbaren Membran aus Polycarbonat mit integrierten Sensoren zur Impedanzmessungen, Praxissemesterarbeit am KIT, 2012.

Julia Fauser
Möglichkeiten der Messung von Endothelwachstum und Adhäsions-, Migrations- und Invasionsvorgängen von Tumorzellen an und durch poröse Membranen mithilfe eines integrierten Sensors, Institut für Mikrostrukturtechnik, KIT, Bachelorarbeit, 2013.

Christina Bassing
Impedanzmessung der Adhäsion von Endothelzellen und der Migration von Tumorzellen auf und durch eine poröse Membran mithilfe einer integrierten Goldelektrode, Institut für Mikrostrukturtechnik, KIT, Bachelorarbeit, 2013.

Marius Kees
Erzeugung mikroporöser Polycarbonatmembranen mit integrierten Elektrodenstrukturen zur Untersuchung der Endothelzellmorphologie, Institut für Mikrostrukturtechnik, KIT, Diplomarbeit, 2014.

Schriften des Instituts für Mikrostrukturtechnik
am Karlsruher Institut für Technologie (KIT)

ISSN 1869-5183

Herausgeber: Institut für Mikrostrukturtechnik

Die Bände sind unter www.ksp.kit.edu als PDF frei verfügbar
oder als Druckausgabe zu bestellen.

Band 1    Georg Obermaier
          Research-to-Business Beziehungen: Technologietransfer durch
          Kommunikation von Werten (Barrieren, Erfolgsfaktoren und
          Strategien). 2009
          ISBN 978-3-86644-448-5

Band 2    Thomas Grund
          Entwicklung von Kunststoff-Mikroventilen im Batch-Verfahren. 2010
          ISBN 978-3-86644-496-6

Band 3    Sven Schüle
          Modular adaptive mikrooptische Systeme in Kombination
          mit Mikroaktoren. 2010
          ISBN 978-3-86644-529-1

Band 4    Markus Simon
          Röntgenlinsen mit großer Apertur. 2010
          ISBN 978-3-86644-530-7

Band 5    K. Phillip Schierjott
          Miniaturisierte Kapillarelektrophorese zur kontinuierlichen Über-
          wachung von Kationen und Anionen in Prozessströmen. 2010
          ISBN 978-3-86644-523-9

Band 6    Stephanie Kißling
          Chemische und elektrochemische Methoden zur Oberflächenbe-
          arbeitung von galvanogeformten Nickel-Mikrostrukturen. 2010
          ISBN 978-3-86644-548-2

Schriften des Instituts für Mikrostrukturtechnik
am Karlsruher Institut für Technologie (KIT)

ISSN 1869-5183

Schriften des Instituts für Mikrostrukturtechnik
am Karlsruher Institut für Technologie (KIT)

ISSN 1869-5183

Schriften des Instituts für Mikrostrukturtechnik
am Karlsruher Institut für Technologie (KIT)

ISSN 1869-5183